빨강마을

이야기가 머무는 여행

살고 싶고 가보고 싶은 농촌마을 100선 · 1

빨강마을

2010년 4월 15일 1판 1쇄 인쇄 / 2010년 4월 27일 1판 1쇄 발행

기획·편집처 농촌진흥청(농촌지원국 농촌자원과)
기획·편집인 김재수
편집기획 안진곤, 이명숙, 오승영, 김보균, 임은성
　　　　　 박경숙, 조은희, 송기덕, 박정화, 최상호
　　　　　 박찬순, 윤종탁, 홍창우, 김영아, 김연아
　　　　　 장면주, 노혜경
주소 경기도 수원시 권선구 수인로 150(서둔동 250)
전화 031-299-2678~9
팩스 031-299-2675
홈페이지 www.rda.go.kr

콘텐츠제작 명랑행성509
글쓴이 최화성 / 지도 임은하, 엄유정 / 사진 박경원, 오경석

발행처 도서출판 청동거울
발행인 임은주
출판등록 1998년 5월 14일 제13-532호
주소 (137-070) 서울 서초구 서초동 1359-4 동영빌딩 내
전화 02)584-9886(편집부) 02)523-8343(영업부) / 팩스 02)584-9882
전자우편 cheong1998@hanmail.net
홈페이지 www.cheongstory.com

편집주간 조태봉 / 편집 김은선 / 마케팅 배진호 / 관리 김은란

ISBN 978-89-5749-131-7
ISBN 978-89-5749-130-0(세트)

이 도서의 국립중앙도서관 출판시도서목록(CIP)은 e-CIP 홈페이지
(http://www.nl.go.kr/ecip)에서 이용하실 수 있습니다. (CIP제어번호: 2010001418)

이야기가 머무는 여행

빨강마을

빨강 【이미지와 상징】_정열, 애정, 성숙, 활기

최화성 글

청동거울

첫걸음

이야기가 머무는
다섯 컬러의 마을로 초대합니다

최근 '저탄소 녹색성장'이 경제발전의 패러다임을 주도하면서 농업·농촌의 다원적 기능에 대한 중요성과 농업·농촌의 블루오션을 주도해나갈 수 있는 비전에 대해서 범세계적으로 관심과 이목이 집중되고 있는 추세입니다.

이제 농촌은 더 이상 힘들고 소외된 지역이 아니라 농촌이 지닌 쾌적성과 문화적 감수성을 결합한 "생명, 환경, 전통문화가 보전된 쾌적한 국민들의 생활공간"으로 '매력 있는 공간'으로서 다시 태어나고 있습니다.

깨끗하고 아름다운 자연경관과 자연이 주는 여유로움을 누리며 이웃과 더불어 사는 정겨운 삶은 모두가 꿈꾸는 삶의 풍경으로 그리워하고, 동경하는 푸른 희망의 공간입니다. 농촌진흥청에서는 농업·농촌이 가진 다양한 분야의 우수자원을 발굴하고 여러분들에게 좀더 친숙히 다가가기 위해 〈푸른농촌 희망찾기〉사업의 일환으로 '살고 싶고 가보고 싶은 농촌마을 100선'을 선정했습니다.

인터넷 접수를 통한 전국 공모로 총 400여 개의 마을이 '살고 싶고 가보고 싶은 농촌마을 100선'에 응모했습니다. 다양한 매력이 넘치는 농촌마을 중에 100개의 마을을 선정하는 것은 어려운 일이었습니다.

국내 최초로 인문학적인 가치를 높이고 농촌마을의 지속 가능성을 알리기 위한 '마을 지표 개발(리서치 21)'을 시도하기도 했습니다. 1,000여 명의 도시민과 귀농·귀촌인을 대상으로 매력도 조사, 창의적인 아이디어 공모를 했지요. 여기에 전문가들의 의견조사를 더해 만들어진 마을 지표를 기준으로 3차례 심사 과정을 거쳤습니다.

이렇게 선정된 '살고 싶고 가보고 싶은 농촌마을 100선'은 다섯 권의 마을 시리즈로 출간될 예정입니다. 전통을 고수하고 있는 농촌마을의 이미지에 적합한 마을시리즈로 재미있고 색다르게 기획했습니다. 우리 고유의 오방색[황(黃), 청(靑), 백(白), 적(赤), 흑(黑)]을 기준으로 100개 마을의 이야기를 컬러 이미지텔링 과정을 거쳐 분류하였지요. 전통 오방색의 다섯 가지 컬러로 100개 마을의 이미지를 스토리텔링 하는 일은 무척이나 흥미로웠습니다.

'살고 싶고 가보고 싶은 농촌마을 100선' 다섯 컬러 마을 시리즈
빨강마을 _ 활기, 애정, 열정, 성숙의 뜨거운 감동이 있는 마을
노랑마을 _ 희망, 명랑, 따뜻, 쾌활의 노오란 희망을 꿈꾸는 마을
파랑마을 _ 물, 신성, 하늘, 친환경의 푸른 생태환경을 지키는 마을
하양마을 _ 장수, 순결, 순수, 신선의 백색 순결함을 간직한 마을
깜장마을 _ 오지, 신비, 적막의 수수께끼처럼 잘 알려지지 않은 마을

이번 빨강마을은 '살고 싶고 가보고 싶은 농촌마을 100선'의 첫 번째 이야기입니다. 귀농인, 젊은 일꾼, 전통의 복원으로 새로운 '활기'를 얻은 마을, 가족보다 가까운 이웃이 힘을 모아 기적을 이룬 '애정' 마을, 우리문화를 보존 전승하기 위해 '정열'을 다하는 마을, 분단, 수몰 등의 아픔을 딛고 '성숙'한 마을 등 15개 마을의 이야기를 모았습니다.

오랜 시간 마을에 살고 있는 원주민들의 이야기를 통해 마을을 소개합니다. 원주민들만이 알고 있는 마을의 보물들을 관광팁으로 전합니다. '이야기와 함께 떠나는 여행서'를 통해 단순한 '방문'이 아닌 가슴의 '소통'을 나눌 수 있길 바랍니다.

여러분을 활기, 애정, 열정, 성숙의 뜨거운 감동이 있는 빨강마을로 초대합니다.

농촌진흥청장 김재수

조금은 불편한 여행서

미리 말하자면 이 책은 전국의 유명한 관광지, 맛있는 음식점, 멋진 숙소를 소개하는 책이 아닙니다. 여행자의 감상으로 적당히 포장되어진 여행기도 아닙니다. 마을에 살고 있는 주민들의 시점으로 마을을 소개합니다. 주민들의 생생한 이야기를 통해 마을에 쌓인 시간의 더께를 느끼고 오랜 생활사가 응축되어 있는 길, 물건, 공간, 사물, 음식 등을 사진으로 만나게 됩니다. 마을의 주인인 사람, 자연, 동식물들의 이야기가 숨어 있는 그림지도를 보며 마을을 산책할 수 있습니다. 이야기와 함께 떠나는, 조금은 다른, 조금은 불편한 여행서입니다.

빨강마을로 떠나기 전 당부사항

마을엔 여행자의 편의를 위한 시설이 부족합니다.

식당, 펜션, 슈퍼 등이 없는 마을이 대부분입니다. 그러나 농가나 마을회관에서 민박이 가능하며 직접 기른 것들로 차려낸 시골밥상을 맛볼 수 있습니다. 불편하기 때문에 얻을 수 있는 귀한 가치가 곳곳에 숨어 있습니다. 그것을 발견하는 것이 빨강마을 여행의 참맛입니다.

마을엔 그림지도의 구간을 알려주는 표지판이 없습니다.

마을에 대해 유창하게 이야기해 주는 해설사도 없고 친절한 표지판도 없습니다. 마을에서 만나게 되는 주민들과 이야기를 나누며 한걸음

한걸음 옮겨보는 느린 산책입니다. 궁금한 것만 묻지 말고, 주민들이 이야기해주고 싶은 것들도 들어봅니다.

단체여행보다는 소규모 단위의 여행으로 좋습니다.

마음이 잘 맞는 둘 셋, 혹은 가족여행으로 좋습니다. 이야기를 나눌 시간적 여유가 많기 때문에 관계가 더욱 돈독해질 것입니다. 어느새 여행을 통해 만난 주민과 섞여 단체여행보다도 더욱 풍성함을 느끼게 될 것입니다.

자가용은 알맞게 활용합니다.

차가 들어갈 수 없는 마을에 억지로 차를 밀어 넣으면 주민들의 발이 되어주는 버스가 들어오지 못하는 마을도 있습니다. 마을별 '이야기 그림 지도'를 반드시 확인하고 자가용의 활용 범위를 미리 정합니다. 나의 길을 새롭게 만들기보다는 마을의 길에 나의 걸음을 맞춥니다.

농심(農心)과 도심(都心)을 나눕니다.

푸짐한 농심이 먼저 다가오는 것을 당연하게 생각하지 않습니다. 찾아간 사람의 여유로 먼저 반갑게 인사를 건네어 봅니다. 여행에 도움을 준 주민들에게는 작지만 마음을 표현합니다. 다가오는 농심을 감사하는 마음으로 받아주며 서로의 마음을 나눕니다.

그럼 이제 빨강마을로 출발합니다.

8

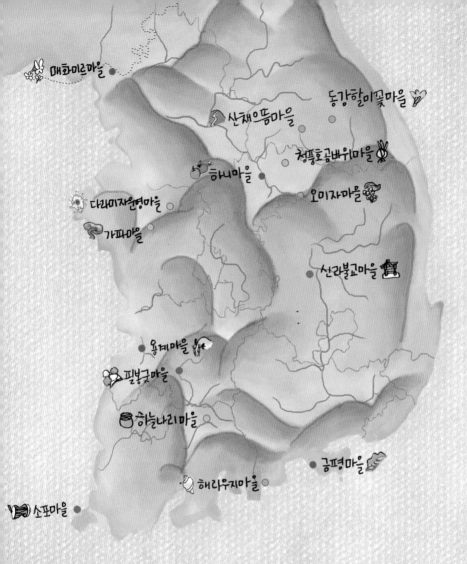

매화미르마을

동강할미꽃마을

산채으뜸마을

청평호곰바위마을

하니마을

오미자마을

다라미자연염마을

가파마을

신라불교마을

옹계마을

필봉굿마을

하늘나리마을

금평마을

해라우지마을

소포마을

전열
애정
성숙
환기

방위

마을의 아름다운 지형과 풍경을 느껴보세요.
지형의 특성을 잘 보여줄 수 있는 방향을 기준으로 그려졌답니다.
기호를 참조하면 정확한 방위를 알 수 있습니다.

마을입구

마을입구는 각 마을의 표지석 또는 입간판을 기준으로 표시되어 있어요.
표지석이나 입간판이 없는 마을의 입구표시는, 통상적으로 방문자가 접근하는
경로입니다. 대부분 입구 주변에 찾아가기 쉬운 방면이나 특징이 있는 건물들이
표시되어 있어요.

도로

진입이 가능한 도로들의 끝머리에 접근방면이 표시되어 있어요.
도로번호와 기호, 마을 주소를 참조하면 찾아가기 쉬워요.

고속도로 표시입니다. 지방도 표시입니다.

국도 표시입니다. 기타 일반도로입니다.

번호표

그림 속 빨강 번호표가 놓인 순서에 따라 이야기를 찾아 읽어보세요.
대부분 크지 않고 조용한 마을들이다보니, 지도만 들고 번호의 이야기를 따라
실제 장소를 방문하는 것은 일반적인 관광명소와는 달리 쉽지 않을 수 있지요.
어쩌면 이 지도 외에는 어떤 단서도 없는 마을을 만날 수도 있답니다.
가장 좋은 방법은 '마을 주민들과 대화하며 찾아가기'입니다.

👣 ❹ㄱ❺ㄱ 걸으며 마을을 둘러보기 좋은 순서입니다.

🚜 ❶ㄱ❸ㄱ 운전하며 마을을 둘러보기 좋은 순서입니다.

살고 싶고 가보고 싶은 빨강마을 ▮▮▮▮▮▮▮▮▮▮

Part 1. 정열

우리 문화를 보존하고 전승하기 위해 뜨거운 '정열'을 다하는 마을

소포마을 | 필봉굿마을 | 신라불교초전지마을

한 마을에 전통문화보존회만 일곱 개입니다.

400년 동안 전통 마을굿을 보존하고 전승합니다.

먼 옛날 신라의 불교가 처음 들어왔던 역사를 고스란히 지킵니다.

우리 문화를 보존전승하기 위해서는 '정열'만 있다면 나이 제한은 없습니다.

전남 진도
소포마을

농익은 전통문화를 마음껏 맛볼 수 있는 마을

아리고 쓰린 진도 소포마을의 구성진 노랫가락이 귀에 박히고
장구를 스치는 손놀림이 가슴을 때린다.
모든 주민이 단원이고 소리꾼이라 대파 손질로 바쁜 아낙네의 손짓이며
지나가는 노인네의 굵은 목젖이 예사롭지 않아 보이는
이 작은 마을은 오늘도 전통을 간직하고 있다.

마을 주민 전체가 소리꾼, 일곱 개의 전통문화보존회

우리 마을은 주민 모두가 구성진 남도소리 한 가락씩은 할 줄 아는 마을이다. 오죽하면 소포에 가면 밭 매는 아낙의 옆구리만 찔러도 진도아리랑이 쏟아져 나온다고 했겠는가.

전통을 보존하고자 하는 노력 또한 남다르다. 주민들의 힘으로 자생적으로 활동하고 있는 보존회만 해도 일곱 개나 된다. 강강술래, 베틀노래, 명다리굿, 닻배노래, 세시풍속, 상여소리, 걸군농악. 전국에서 하나의 마을 단위가 이처럼 많은 보존회를 보유하고 있는 마을이 또 있을까? 흥과 멋이 고스란히 살아 있는 마을이다.

우리 마을에 오면 농촌의 서민문화를 대표하는 삶의 소리, 가공되지 않은 다양한 전통 민속과 '365일' 언제든 만날 수 있다. 또, 국내 최초로 검정쌀을 대량 재배한 마을로도 유명해 '소포검정쌀마을'로 불리기도 한다.

400년 전 '전국순회공연'의 서막을 연 소포걸군농악

400년 전 임진왜란 당시 주민들이 거지 행세로 각 마을을 돌며 적군의 동태를 파악하고 그것을 악기소리로 우군에게 알려 작전에 도움을 주었다고 한다. 거지 행세를 하고 군대 작전식으로 농악을 친다고 하여 '걸군(乞軍)농악'이라고 명칭을 붙였다. 구정이 지나고 나면 40명 정도가 마을을 빠져나가 전국으로 굿을 하며 돌아다니다 3개월 후에 돌아오곤 했다.

지금까지도 고스란히 이어져 내려오던 걸군농악은 2007년 보존가치를 인정받아 도지정 문화재 39호를 받았다. 50명 정도의 회원이 보존과 전수에 힘쓰고 있다.

명다리굿 : 사주팔자에 명이 짧은 어린애의 수명을 길게 이어주도록 기원하던 굿
닻배노래 : 약 200년 전부터 멍텅구리 배를 타고 고기잡이를 하면서 부르던 노래

검정쌀이 자라는 저곳이 옛날엔 염전이었어_김덕천(73세, 노인회장)

옛날엔 우리 마을이 나루였어. 진도에서 목포만 나가려고 해도 진도관문인 소포나루를 거쳐야 했어. 진도를 찾을 때 무조건 왕래하던 곳이다 보니 예술이나 물질문명이 많이 발달되었재. 그럴 때는 검정쌀 재배하는 저그 대흥포가 불로 구운 소금, 화염의 본고장이었어. 이제는 친환경영농으로 검정쌀을 재배하고 있지만.

대흥포는 참 사연이 많은 곳이여. 아주 유명한 보리 썩던 해를 아는가? 보리 타작하던 때 장마가 져서 보리가 다 썩던 해가 있었어. 그 1963년도에 1차 간척사업을 시작했어. 염전지주들이 보상관계로 그것이 빨리 이루어지지 않던 중에 대통령 특별지시로 전국의 간척지 허가가 중단됐어. 하루

▲ 힘겨운 간척사업으로 일군 땅 대흥포

아침에 불법매립지가 된 거여. 그
후로 요것을 원상복구를 하라는
지시가 내려왔어. 원상복구를 하
느니 차라리 죽는다며 버텼재.
1970년대 초에 새마을운동이 전
국적으로 확산되고 간척사업 바
람이 또 불었지. 그때 다시 작업
을 하기 시작했어. 당시 대흥포
바다를 막을 때에 군청으로부터
지원받은 거라 하면 리어카 세 대
뿐이었어. 전부 주민들이 지게로
등짐 지어 나르면서 피땀 흘려 매
운 거라. 근디 우리가 막은 그 땅

▲ 대흥포의 굴곡진 삶을 이야기하시는 노인회장님

을 또 우리가 다시 나라에 돈을 내고 산 거여. 기막힌 노릇이지. 그때 당시 주
역들이 안 있겠는가. 참 열심히 하던 사람들이 지금 다 칠십 넘고 팔십 고령
이여. 돌아가신 사람들이 더 많고. 요즘 젊은 사람들이 그 땅의 사연을 어찌
알겠는가.

북을 치고 있으면 날 것 같은 순간이 와 _박금영(68세, 이장)

　　일주일에 두 번씩 해남까지 다니면서 북을 배웠어. 아침 9시 반쯤 도
착해서 북을 치다 보면 금세 어두워지는 거여. 그때 당시 김 건조하는 일을
했거든. 북 안 배우러 가는 날은, 기계 돌려놓고 그 옆에서 북을 치다 보면 날

이 새는 거여. 나는 끼가 있는 사람은 아니고 내 이름 가운데 자가 거문고 '금' 자거든. 고놈 갖고 국악을 하는 거야. 끼를 타고 난 사람은 빨리 배우는데 좋은 가락을 잘 잊어버려. 열심히 파고드는 사람한테는 결국 못 이겨. 그랑께 뭐이든지 자기가 정성을 다해서 열심을 다 하는 게 최고여.

무대에서는 셋도 아니고 단 둘이 앉아서 소리에 장단을 맞추잖여. 머리카락만큼만 틀려도 소리가 탁 튀어가 버리거든. 그라믄 관객이 퍼뜩 알아버려. 신경을 거따 다 쓰다 보니까 닭똥 같은 땀이 막 흐르는 거야. 명창은 북이 시원찮아 버리면 소리가 죽어버려. 고수가 명창의 목소리를 끄슬려 올려야 하는 거야. 얼마나 마음에 맞게 해줘야 소리가 막 절로 뛰쳐나오겠어. 그게 고수의 역할이여. 그래서 옛날에는 첫 번째가 고수였어. 두 번째가 명창이고. 관중은 생각지도 않았다고. 어디서 뭐 한다고 하면 관객은 저절로 생겼으니까. 그런데 지금은 안 그렇잖아. 첫 번째가 관중, 두 번째가 고수, 세 번째가 명창이야. 요즘은 아무리 멋진 소리를 한다고 해도 안 오잖어.

명창들이 소리를 할 때 북을 치고 앉아 있으면 진짜 날 것 같은

▼ 살설움이 오는 그 순간의 전율, 박금영 어르신

그런 기분이 오는 순간이 있어. 그러면 기가 막힌 북이 나와. 근데 그런 때가 별로 많지 않아. 그런 때는 소리 자체가 막 마음에 와 닿는 거야. '살설움'이 와. 북이 막 귀신 들린 북같이 쳐져.

　　14년 전, 쉰네 살에 문화부장관상을 받았어. 국무총리상도 받고. 그때는 그런 상 받는 게 하늘에서 별 따기였어. 우리 마을엔 문화재가 셋 있고 나만큼 하는 사람도 많아. 지금은 내가 이장을 하면서 공연을 잘 안 해. 저 사람도 치게 해서 공부로 삼아서 할 수 있도록 배려해야지. 이장 임기가 끝나면 다시 또 배울 거야. 더 나이 들기 전에.

농촌문화는 우리 문화의 근간이고 씨앗이고 종자다

_김병천 (46세, 전통민속 전수관장)

소리나 원 없이 듣게 해다오_고등학교 졸업하고 계속 마을에 남아 있었어요. 우리 농촌문화를 통해 세상을 보게 되었어요. 우리 동네 어르신들이 얼

▼ 한겨울에도 싱싱함을 뿜어내는 대파밭

마나 멋쟁이인 줄 아세요? 내가 이장할 때 어르신들한테 물어봤어요. "어르신들 제가 이장이 되었으니 원하는 거 하나 해드릴게요." 노인회장님이 "회의 좀 하고 올텐께, 잠깐 기다려" 하고는 삼십분 동안 회의를 하시는 거예요. 난 기다리면서 경로당 운영비, 관광, 시설 개보수 등을 생각하고 있었어요. 아마 우리나라 이백 몇 개의 시군에서 99%는 그 세 가지를 이야기할 겁니다. 그러나 노인회장님이 말씀하신 회의 결과를 듣고 정말 깜짝 놀랐어요. 뭐냐면, "소리나 원 없이 듣게 해다오"였거든요. 문화가 총집결되지 않은 곳이면 절대 나올 수 없는 얘기예요. 시나 원 없이 낭송하게 해달라는 것, 재즈음악을 좀 원 없이 듣게 해달라는 것, 영화나 원 없이 보게 해달라는 것과 똑같은 거거든요. 난 정말 행복한 동네의 이장이라고 생각했어요. 젊은 소리꾼

▲ 농촌문화를 통해 세상을 배움, 김병천 씨

들을 불러다가 4일 동안 소리로만 축제를 했어요. 근데 어르신들이 맘 편히 오줌을 못 누러가는 거예요. 그 다음엔 뭔 대목이 나올지 모르니까. 이 동네 어르신들이 그렇게 멋지고 대단한 사람들이에요. 그렇게 만들어진 축제가 올해 5회를 맞았어요.

우리 마을 창고에 가면 백년 묵은 상여가 있어요. 저도 죽으면 그 상여를 타고 싶어요. 내 할아버지가 탔던 상여, 할아버지의 할머니가 탔던 상여, 내 아버지의 할아

버지의 할머니가 탔던 상여, 내 할아버지의 할머니가 탔던 상여. 충청도, 경
상도, 제주도, 강원도 사람이 우는 소리가 다 틀려요. 경상남도부터 강원도
까지는 매나리조로 울어요. 이 울음도 대단한 상품이에요. 이 소중한 상여문
화가 없어질까 봐 걱정스럽습니다. 그리고 아주 간단하지만 다듬이 소리, 자
장가 소리, 새벽 정한수 떠놓고 비는 비손 소리, 이런 소리들에 눈물을 흘린
다니까요. 문화예술을 통해 눈물을 흘리게 한다는 얘기는 그 안에 아주 강한
에너지가 있다는 거예요. 이런 것들이 앞으로 어떻게 지켜져야 하는지 고민
이 많아요.

▶ 채를 잡는 순간 소리꾼으로 변신하는 아주머니들
▼ "술이 없으면 소리가 안 나와", 술에 젖은 소리의 감동

▲ 마을에 고스란히 남아 있는 소포나루의 흔적

특허 내지 않아도 아무도 따라할 수 없는 소리_내가 여지껏 봤던 최고의 종합예술은 씻김굿입니다. 오페라, 뮤지컬 그런 걸 다 털어서. 고풀을 풀고 상여를 만들고 배를 깔고, 절차가 굉장히 정교하고 재미있어요. 그럴 수밖에 없는 것이 우리 마을은 위쪽 마을들과는 틀려요. 위쪽 마을은 강신무이고 우리는 세습무예요. 대를 거쳐 하나의 연행으로 완전히 굳어진 거죠. 그래서 예술성이 굉장히 높아요.

흔히 농촌이 문화적으로 가장 소외된 지역이라고 표현하잖아요. 미안하지만 농촌지역이 가지고 있는 문화적인 것은 대단한 겁니다. 우리 문화의 근간이고 씨앗이고 종잡니다. 이 농촌문화가 없어지면 우리 문화는 아무것도 없어요. 이 농촌문화가 대접을 못 받아 버리면 우리의 문화 근간이 없어져 버리는 거죠. 근데 아주 소중한 것들을 하찮고 가벼이 여기고 있잖아요. 이 문화가 반드시 되살아나야 해요. 그 문화 안에는 나눔의 이야기, 두레나 이런 것들이 다 표현되어 있잖아요. 흉내내지 못할 아름다움이 있어요.

인구 십만 미만인 도시하고 노는 것으로는 지고 싶지 않아요. 우리 마을에 와서 어머니들 소리를 한번 들어보세요. 이게 쉽게 내뱉는 소리 같지만은 아무나 뱉을 수 있는 소리가 아닙니다. 특허 내지 않아도 아무도 따라할 수 없는 소리예요. 우리 어머니가 하는 소리들은 십 년 이상 내공이 쌓여야 합니다. 요즘 세대들은 박자가 느리다 보니까 얼른 귀담아 들으려고 안 해요. 근데 이 느림의 문화가 이제는 우리 삶 속에 들어가야 돼요. 그 소리를 이해하게 되면 아마 우리 마을에 주저앉게 될 겁니다.

🏠 강신무 : 특별한 이유 없이 신병을 앓고 내림굿을 하여 무당이 된다
🏠 세습무 : 신들리는 현상 없이 조상 대대로 무업을 이어받는다

소포마을은 마을 전체가 '전통문화보존센터'다. 낮에 집 앞 밭에서 대파를 뽑던 아주머니가 저녁이면 보존회관에서 구성진 소리를 뽑아낸다. 노인회관에서 한가롭게 장기를 두던 어르신이 북채를 잡으면 팽팽한 긴장감을 뿜어낸다. 과거 포구로써의 질곡의 삶과 문화가 얽히고 설키어 농익은 예술로 승화된 마을이다. 365일 언제든 농익은 소리와 전통 민속을 만날 수 있다.

감성나눔

소포나루

그 옛날 수많은 배가 와 닿아 물류의 중심이었던 포구, 나루쟁이가 노 젓는 배를 타고 읍으로 나가던 포구가 남아 있다.

소포 나루쟁이만 못하다
당시 나루쟁이들은 반벙어리였는데 위아래도 없이 누구에게든 함부로 굴었다. 소포에서 버릇없는 사람을 가리킬 때 쓰던 말이다.

진돗개가 지키는 공덕비
옛날 도깨비에게 바늘이 든 쌈지를 받은 사람이 그것으로 마을 사람들에게 침을 놔주었다. 침술이 워낙 뛰어나 마을 사람들의 목숨을 여럿 구했다고 한다. 그분을 기리는 공덕비를 흰색 진돗개가 지키고 있다.

느림의 미학 진도아리랑

"술 먹어서 잊으라면, 맘껏 먹고 잊어주마, 내가 너를 잊어, 너그 가정이 행복이라면, 내 가슴 병들어도 잊어주마" 가슴 먹먹해지는 느림의 문화를 우리 삶 속에 넣고 눈물 한 방울 아끼지 말고 카타르시스를 느껴 보자.

싱싱한 초록의 겨울밭

소포마을의 겨울 밭은 싱싱한 초록을 머금는다. 겨울눈을 여러 번 맞아 한층 더 활기 찬 월동배추와 대파를 만날 수 있다.

정보나눔

▮ 소포마을의 특산품 검정쌀과 율금을 구입할 수 있다.

▮ 전통민속보존회에 가면 언제든 소리와 만날 수 있다.

▮ 농촌전통테마체험관에서 민박이 가능하다.

▮ 바다 체험, 친환경농업 체험, 남도소리기행 체험 등을 즐길 수 있다.

문의

Ⓤ 정보화센터 http://sopoli.invil.org

Ⓣ 061-543-0505, 061-543-4556

1 겨울에도 푸르른 소포리 대파밭
2 육지로 통하던 길, 예술과 문화가 꽃피우던 나루터
3 해 뜰 무렵 마을에 찾아온 따뜻한 겨울 햇살
4 좋은 일을 한 이들을 위한 공덕비
5 마을과 함께한 세월이 묻어나는 아늑한 경로당
6 좋은 소식을 기다리는 소포리 빨간 우체통

1

2

3

4

5

6

7

8

9

10

11

12

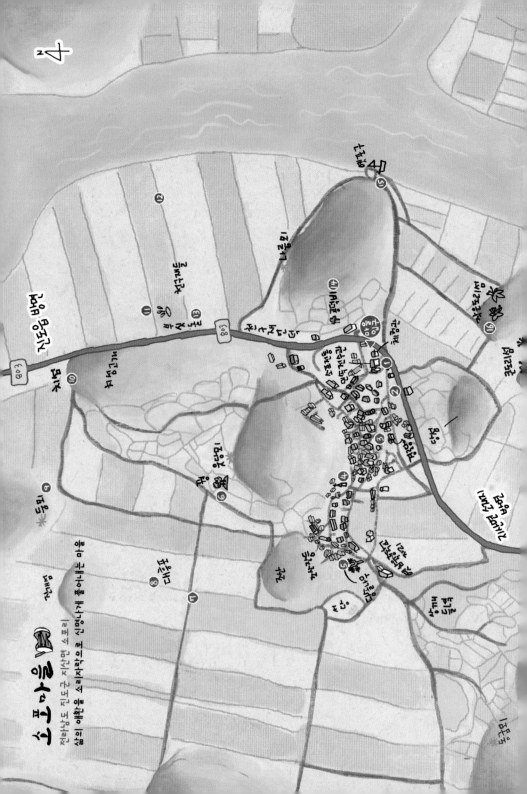

① 전통이 숨쉬는 곳

깡깡술래, 걸구노와, 산에소리 등
잊고 개의 전통문화보존회가 모여 있지요.
몇째 진이장님이 여르신들께
"마을에 꼭 피요한 것이 무어인가요?" 물자
한분 화워을 했다고 나서마잡내
"소리나 언어이 도게 해다오"라고
맘씀하셨지요 마을 어르신도 소망은
그 뿐이었답니다.

② 마을지기이

젠지시 안은 이웃마을 청년이
결흔예을 지나가거라도 하면
소포대울 청년도 그 길을 막아서서
가끔씩 탄세를 부리기도 했습니다.

③ 듣도가리

마을에 도구두리한 도도 하나가 있어느데
그 무게가 200kg 가까이 되었다고 합니다.
이웃마을 함사랑 패나 하면 잘은 이들이
한 번씩 들여보리고 챘지요
번번이 실패하고 말았지요.
그래 마을청녀 몇멍었 그 도를
아주 쉽게 들어옮렸나니.
한 손으로 단제비린 사람도 있었다 하니.
다른 마을 젊은이가 도을 들다가 실패하면
못 지나가게하고 행으 철 하고
도를 울리기라도 하면
그 땜술한 잔 함께하는 거지요.

④ 한무숙자녀의 교회

앤나엔 교회자리에 첫막을 치고
학생들은 그 곳에서 공부를 하기도 했지요.
목자까지 가서 하숙을 하며 때미르
유학생알 오 했다 근 그 도 하생도도
많았다고 합니다.

⑤ 당숙나무 이야기

마을의 명물이었던 커다란 소나무가 있었죠
산이 있었다면 아만 500사은 되었을 테지요.
주위지만 어느 날 마을 암써자라기들이
나무 한가운데 웅묘 패인 곳에 들어가
불을 지폐며 늘다가 나무 인증 승지에
불이 붙어서 나무가 타버렸다고 합니다.

⑥ 딱
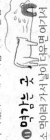

맘도 모든 사이에 있는 이 작은 언덕은
마치 굿지에 물리 핑 걷다고 하여
이곳을 핑이라고 부릅니다.

⑦ 가재싸움

이 마을은 주장썰 대항 체배를
우리나라 최조로 시작한 곳입니다.

⑧ 주민들이 이끄러낸 대홍표

1970년대 초 마을주민들이 힘을 뭉쳐서
숫소 지게로 간저지 개간을 했지요
여러 번이 시도 끝에 마침내 바다를 막아서
논을 일궈냈습니다. 그곳도 아주 비옥한 농토로
바뀌었답니다.

⑨ 다섯 봉우리 이야기

동쪽, 동구 밑, 맘밑, 나뭄밑, 웃당밑,
다섯 봉우리의 산이맘을 보고 있기 때문에
마을이 번창했다고 합니다.
웃당배 남주 당성 서쪽 서당이
3을 모시던 마을이기도 하지요.

⑩ 치성

섬은 아니니데 모양새가 섬처럼
쭉 빼젖다고 해서 처섬이라고 붙립니다.

⑪ 먹가는 곳

우지로 나가는 으압한 길,
지산에 서부쪽녀 사람들이 목포로 가기 위해
항상 지나야 했던 길이 이나루터였지요.
농산물 고산 것도 많은 문자들의 거래였고
에슴과 무화의 꽃이 피던 장이었습니다.

⑫ 예나 이즈음 뭐가 이야음까

예날 이곳은 소금을 태아서 어느
화영이 있어지고 좌엄인 미래를 성분이 많아
단자수라 했드네 1950년대 후 부터는
쓰맛나는 천염으로 바꿨답니다.
다랑 생삭하던 감도 그 맛이
엄으미 진상품이 될 정도로
으뜸이었지요.

⑬ 부시돌

부시를 만드는 도이 마아던 들입니다.

⑭ 굴뚝에이 무슨 사이이

인쪽 고기배도 갑해 갑서 승표의 바인내요
그는 통으 시절 이웃에게 배려를 많이 했이지요
오른우으 엄두온이란 사람의 고당배로
그가 어느 날 도개발힌 흘러서 싱제에가가
점을 언어 그 근으로 많으 사람을 도왔답니다.

⑮ 나루터 이야기

우지로 나가는 으압한 길...

⑯ 잘은 도리서 큰 도리서

옌날에 꽃상이라고 불리던 이 선동이 봄이면
진달래 꽃이 한가득 넘쳤다고 합니다.

전북 임실
필봉굿마을

400년 동안 '필봉굿'이라는 꽃을 피운 마을

임실필봉농악전수회관의 한옥체험관에서 맞이하는 아침.
밤새 내린 눈으로도 부족해 더욱 부푼 눈송이가 흐드러지게 날린다.
필봉마을에서 주민들의 힘으로 400년을 이어온 굿,
이제는 더욱 부푼 눈송이가 되어 전국에 내려 앉을 날을 기대해 본다.

매년 3만여 명이 꾸준히 찾고 있는 마을

우리 마을의 국가지정 중요무형문화재인 필봉농악은 400여 년 전부터 내려온 호남 좌도농악의 대표적인 전통 마을굿이다. 마을엔 관광객을 위한 식당 하나 없지만 농악을 배우기 위해 전국에서 매년 3만여 명이 꾸준히 찾고 있다. 마을 입구에 자리한 임실필봉농악보존회에서 필봉농악을 전수받은 사람이 32만 명이나 된다. 오직 '필봉굿'만의 힘인 것이다.

마을의 힘으로 29년간 끊임없이 이어온 정월대보름굿

우리 마을에서는 해마다 정월이면 마을 주민 전체가 힘을 모아 '정월대보름굿'을 하고 있다. 마을 주민들이 정성스레 음식도 준비하고 이틀에 걸쳐 굿을 하며 풍농과 신수화복의 운수를 기원한다. 낮부터 시작하여 기굿, 당산굿, 샘굿, 마당밟이, 판굿을 거치는 사이 자정이 다가오고 달집태우기로 마무리를 한다. 온종일 마을 전체가 난장이 된다. 지난해 29회 굿에는 전국에서 5천 명이 몰려왔다.

죽음이 부를 때까지 쇠를 칠 것입니다

좌도농악의 일인자 양순용 씨는 어린 시절부터 이웃분들에게 농악을 배웠다. 12세에 쇠를 잡기 시작, 18세에 상쇠가 된 그는 애기상쇠, 풍물계의 신동이라 불렸다. "죽음이 부를 때까지 쇠를 칠 것입니다. 풍물이 어우러져 만들어내는 신명나는 한판굿은 어떤 음악과도 비교할 수 없습니다." 74년부터 임실 필봉에서 학생들에게 풍물을

🏠 **당산굿** : 필봉에서는 윗당산(할아버지당산)굿과 아랫당산(할머니당산)굿으로 연행되는데 당산 신에게 올리는 제물도 남녀의 성별과 식성을 구분하여 다르게 차린다

🏠 **판굿** : 모든 큰굿의 마지막 단계로 굿패의 모든 예술적 역량들이 총동원되어 관객중과 함께 공동 신명을 구현하는 가장 큰 놀이굿

가르쳐 왔다. 80년대에는 1년에 1천여 명의 대학생들이 풍물을 배우고자 찾아오니 여러 차례 가택수색을 받았고 경찰서에서 조사를 받는 등 탄압을 받기도 했다. 필봉농악 전승구조를 다지기 위한 전수교육에 힘을 쏟은 그는 1995년 작고하기 전까지 5만 명에게 필봉농악을 전수했다. 지금은 그의 아들 양진성 씨가 상쇠를 이어가고 있다.

◀▲ 필봉농악 3대 상쇠 양순용, 삶이 다하는 날까지 농악과 농사를 껴안았다
◀ 故 양순용 선생님의 숨결을 느낄 수 있는 소지품들

아버지의 대를 이은 필봉농악 인간문화재_양진성(44세, 4대 상쇠)

400년 동안 이어온 고유한 행위 필봉굿은 마을의 힘!_원래 굿의 의미는
여러 사람들이 모여서 뭔가 행위를 하는 것이거든요. 그래서 사람들이 모여
노래를 부르면 소리굿이 되는 것이고 탈을 쓰고 뭔가 행위를 하면 탈놀이굿
이 되고 풍물을 치면 풍물굿이 되는 것이지요. 필봉 사람들과 더불어 정말
버릴 수 없는 고유한 행위랄까, 문화가 바로 필봉굿이에요. 한 마을 단위가
올곧게 400년 동안 지금 현 시점에도 이렇게 행위되고 있는 마을은 대한민
국에 필봉마을뿐입니다.

　　85년도까지만 해도 여기서 전주를 나가려면 임실을 돌아서 갈 수밖에
없었어요. 길이 없었으니까. 여기는 대단히 오지마을이고 사실은 지금도 경

제적 수준이 다
른 시, 도에 비
해 낙후됐어요.
전라북도에서
가장 못 사는
군이 임실군이
에요. 근데 임
실군에 12개 읍
면이 있거든요.
그 중에서도 재
정이 가장 낮은
게 강진면이에

▲ 나쁜 기운이 마을로 들어오지 못하게 막아주는 300살 먹은 아랫당산나무

요. 강진면에 필봉이라는 마을이 있어요. 굉장히 골짜기고 농사 면적도 작고 큰 산맥들도 많고 경제력도 낮고 교통 환경도 안 좋고. 그런데 우리 마을 주민들은 정서적으로 메말라 있지는 않았어요. 마을굿들이 존재해 올 수 있는 어떤 정서적 넉넉함이 있었으니까 여기까지 온 거예요. 그런 면에서 본다면 가난한 마을이지만 언제나 그 시대별 고민을 했던 사람들이 있었고, 우리 아버님을 비롯해서 필봉굿을 어렵게 지키기 위해 발버둥 쳤던 사람도 있었고. 그래서 필봉농악이 남았고 그 다음에 오늘같이 필봉굿을 지키고자 하는 사람들이 모여 있는 거죠.

또 하나는 우리 마을에는 우리 아버지를 비롯해 뛰어난 연행자들이 돌아가실 때까지 마을에 근거를 두고 살아온 역사가 있다는 거예요. 그 다음에 내가 대를 이어 필봉농악 인간문화재가 되었거든요. 내가 서울에 가 있으면 모든 필봉농악 배우는 사람들이 서울로 오겠지요? 희한하게 기능은 마을로 가지 않아요. 내가 어디 있느냐가 중요한 것이지. 내가 지금 여기 있으니까 마을로 오는 거예요. 이것은 내가 대단히 잘 판단하고 실천해야 하는 어떤 부분이라고 생각하거든요. 우리 선배들은 돌아가실 때까지 그 선택을 하셨다는 거죠. 그 누구도 마을을 나가지 않고 여기서 올곧게 지켰기 때문에 32만 명이 그것을 배우기 위해 마을로 올 수밖에 없는 것입니다. 그건 우리 마을의 힘이지요.

최진실도 몰라, 이미자도 몰라, 오직 '굿'만 알아_풍물은 내가 살아왔던, 내가 살고 있는 필봉이라는 마을에서는 꽃이었어요. 난 최진실도 몰랐고 이미자도 몰랐어요. 오직 우리 뒷집의 누구네 아버지는 평상시엔 다 떨어진 옷에 거름 지고 늘 심난한 표정이었는데 그 일 년에 몇 번 치는 풍물판에서는 딴 사

람이 되는 거예요. 난 연
예인인 줄 알았다니까.
그 때 '아! 풍물은 살아
가는 사람들한테 꽃이
다' 하고 느꼈어요. 그
러고 보니까 정말 농민
들의 꽃이었어요.

▲ 필봉농악 4대 상쇠 양진성, 더 많은 대중과 나누기 위해 전국을 껴안았다

나 어렸을 때 놀
이가 뭐냐면, 어른들 흉
내내기였거든요. 어른들이 굿 한 번 치고 나면 어린 또래들이 그거 따라하는
게 일이야. 우리 아버지도 상쇠였어요. 내가 상쇠가 된 게 뭐겠어요? 이것은
학습을 받아서 되는 게 아니고 마을의 문화고 역사거든. 문화는 억지로 교육
받아서 전승되는 게 아니라 자연스런 현상인 거 같아요.

우리 아버지는 농사를 짓고 살았지만 집요하게 풍물굿, 마을굿에 애정
이 많았어요. 우리 아버지는 인간문화재하고도 마을을 안 떠났으니까. 농사
일도 끝까지 하다가 돌아가셨으니까.

나는 아버지처럼 농사를 짓지는 않습니다. 대학에 전임으로 가 있기
때문에 사실 일주일에 3일 정도만 마을에서 보내요. 그렇지만 언제나 옛날을
그리워하는 게 뭐냐면 '사람'이에요. 돈도 아니고, 경제적인 것도 아니에요.
지금은 나이 들어가면서 한 해 한 해 헤어짐을 갖는단 말이에요. 그 헤어짐
이 있으면 그 공간에 여백을 매꿔주는 새로운 만남이 있었으면 좋겠는데 그
게 왜 그렇게 없는지.

마을 사람들이 29년간 끊임없이 이어온 정월대보름굿_우리 마을 사람들은 그런 환경과 문화 속에서 자랐기 때문에 도외지로 나갔든 마을에 남아 있든 어느 정도 풍물을 다 칩니다. 놀란 게 여기 시집와서 산 분들이 외지에서 몇 년 배우고 온 사람보다 꽹과리를 더 잘 쳐요. 배우지도 않았는데. 마을에서 들었던 귀가 있으니까.

마을에서 필봉굿마을체험관도 만들고 저도 여기다가 필봉굿전수관을 자리매김하게 됐어요. 이제 제2의 필봉마을을 만들어 가야 합니다. 근데 지금은 옛날 분들 다 돌아가시고 젊은 사람이 별로 없지 않습니까? 그래서 앞으로 필봉농악의 비전은 필봉마을이 살아나는 것에 달려 있다고 생각합니다. 그러기 위해선 외지인들이 좀 다가올 수 있는 뭔가를 주민들과 함께 만들어가야 합니다.

우리 마을 사람들이 해마다 정월대보름굿을 하고 있어요. 작년에 29회였어요. 외지에서 온 사람들이 딱 5천 명이었어요. 정말 사람들로 북적거려서 마을 안을 돌아다닐 수 없을 정도였어요. 어찌나 많이 왔는지. 29년간 끊기지 않고 쉬어 본 적이 없는 그런 역사성이 있는 마을이란 말이지요.

마을 주민들과 함께 만드는 '굿'_한재훈 (37세, 장구 전수생)

전국에서 임실필봉농악전수관으로 찾아온 전수생들_전수관에는 직원이 14명이에요. 전국에서 모인 사람들인데 기획도 하고 체험프로그램 운영도 하고 강습도 하고 공연도 해요. 20대 후반부터 40대까지 연령대도 다양해요. 거의 대부분 전수관에서 공동생활해요. 대학생 출신들이 좀 있어요. 자기 전공 살려 가면서 단원 활동하는 분도 있고 아예 저처럼 전업으로 삼는 사람도 있어요. 동네 어르신들이 농사도 지으면서 굿을 하는 것처럼 자기 일 계속하는 분도 있어요. 장사하는 분도 있고 한의사도 계시고. 전수 기간도 정해진 것은 없어요. 15년, 20년 있는 사람도 있고 다른 일 때문에 중간에 옮긴 사람도 있고. 암튼 다양해요.

필봉농악보존회도 잘 꾸려가는 것 같아요. 그러니까 이렇게 커졌고. 전국에서 가장 큰 규모잖아요. 사람들이 많이 오니까 키울 수밖에 없는 상태가 되고, 그래서 또 지원도 받게 되고 사업력도 키우고. 여기에 자리잡기 전까지 많이 옮겨다녔어요. 예전엔 남원의 청학동 갔다가, 주색마을 초등학교 폐교된 곳에도 갔다가. 진짜 고생 많이 했어요. 비닐하우스 치고 연습하고 그랬으니까. 비 오면 물 들어오고. 이제는 시설이 좋아져서 그런 건 괜찮아요.

필봉굿은 계속 이어갈 거라고 봐요. 문화재라는 거 때문에 그런 건 아닌 것 같아요. 그거는 하나의 결과로 떨어졌던 부분인 거고 전수생 수도 많고 직접 사람 관계를 지속적으로 이어가고 있으니까 틀림없이 그럴 거라고

▶ 굿판이 벌어지면 앞마당에 가마솥 걸고 먹거리를 나누는 필봉노인정

봐요. 사람 없이 일을 할 수는 없으니까. 제일 중요한 건 사람이죠.

약간 정신이 좀 나가야 업으로 삼을 수 있는 일, '굿'_더 배우고 싶어서 계속 오다 보니까, 어느 순간 제가 단원이 되어 있더라고요. 저 같은 경우는 전공을 한 건 아니고 대학 동아리 활동하면서 전수로 오다가 좋았던 게 너무 많다 보니까 자주 오게 됐죠. 일 년에 한두 번 오다가, 열 번도 오고, 스무 번도 오고. 그러다 졸업하면서 진로 고민을 하면서 업으로 삼게 되었죠. 사실 돈은 안 되는데 문화 쪽에서 하는 역할들이 있으니까. 17년 되었네요. 굿 한 번 치면 하루 종일 해요. 아침 8시부터 시작해서 새벽 2~3시까지 가요. 끝나고 나면 일주일 정도 멍해요. 힘들어서 그런 게 아니고 너무 막 뛰고 놀고 하니까 넋이 좀 나가는 거예요. 약간 정신이 좀 나가야 할 수 있는 일 같아요. 이 일은 열정이 없으면 못 해요. 부족한 것은 배워가면서 할 수 있는 거지만 열정이 없으면 견디질 못해요.

마을 어르신들이 안 계시면 살지 않는 필봉굿_주민들과는 다 알고 지내요. 필봉굿은 마을굿이니까 행사할 때도 마을 분들이 하지 않으면 못 하는 거예요. 외부인들이 해야 할 일은 아니지요. 마을에서 하는 정월대보름굿 같은 경우에도 마을 분들이 실제로 하시는 거예요. 음식 준비부터 시작해서 전부다. 보존회 단원들은 도와드리는 역할인 거죠. 굿도 재미있긴 한데 마을 분들과 함께 준비하는 과정이 더 재밌어요. 자원봉사 하는 분들이 많이 오는 이유도 그런 것들 때문인 것 같아요.

필봉굿의 특징이라면 뒷굿이 굉장히 살아 있다는 거예요. 뒷굿이라는 게 공연 외적인 부분을 말하거든요. 각색 부분도 마찬가지고. 그게 굉장히

강해요. 무엇보다 가장 큰 특징은 마을 어르신들이 좀 많이 돌아가시긴 하셨는데, 그래도 아직 남아 계시다는 거겠죠. 기술적인 기능으로 따져 본다면 전문가들이 더 잘하는 건 있겠지만, 어르신들이 안 계시면 굿이 안 살아요. 반드시 어르신들이 계셔야 해요. 그 몸짓 하나하나는 젊은 사람들이 연습해서 되는 게 아니에요. 저만 해도 굿을 할 때마다 그런 걸 많이 느끼거든요. 연습도 해보는데 그건 연습으로 안 되더라고요. 전통은 다른 마을에도 있어요. 그러나 정말 꾸준하게 예전 그대로의 것을 계속 지켜오긴 힘들죠. 마을 어르신들과 함께 그것을 지켜내고 있다는 것이 가장 큰 강점이죠.

▼ 마을 어르신들과 함께 지켜내고 있는 정월대보름굿

전라북도에서 가장 오지였던 필봉마을은 '굿'만이 농민들의 유일한 꽃이었던 시절부터 400년이 지난 지금까지도 그 꽃을 키워나가고 있다. 그 꽃의 향기에 함께 취하고 싶어 전국에서 수천 명의 사람들이 몰려온다. 마을은 따뜻한 국밥과 더불어 좁은 골목, 집 마당까지 내어주며 그들과 함께 어우러져 하루 종일 난장을 벌인다. 정월이 다가온다면, 특별한 새해를 기원하고 싶다면, 필봉마을에 찾아가서 400년의 세월이 농축된 농민들의 '꽃'의 향기에 취해 보자.

감성나눔

할아버지당산과 할머니당산

필봉마을에서는 두 개의 당산을 모신다. 마을 입구 언덕에 할아버지당산이 있고 마을체험관 앞에 할머니당산이 있다. 두 개의 당산을 모시기 때문에 당산제를 지낼 때도 성별과 식성을 구분하여 제물을 올린다. 까다롭게 음식을 가리는 할머니당산에는 고기나 생선을 올리지 않는다.

오랜 시간 귀로 듣고 몸으로 익힌 굿

마을 사람이라면 누구나 어느 정도의 풍물을 갖춘다. 외지에서 시집온 아낙이 어느 날 보면 몇 년 배운 사람보다 꽹과리를 더 잘 친다. 늘 듣고 보고 몸으로 익혀 저절로 체화되는 굿, 아직도 주민들이 굿판을 이어가고 있다.

영화세트장과 같은 강진면소재지

마을로 들어가기 전 소재지에서 섬진강에서 잡은 다슬기 요리도 맛보고 주변 주조장이나 오래된 건물들을 둘러 보자.

정보나눔

▌ 필봉굿마을체험관에서는 필봉굿 배우기, 보름굿 재현 등의 프로그램을 운영한다.
마을 민박도 가능하며 홈페이지를 통해 특산물도 구입할 수 있다.

▌ 필봉농악보존회에서는 전수 신청도 받고, 풍물축제, 정원대보름굿 등 행사도 진행
한다. 400년 전통의 필봉농악에 관심 있는 사람이라면 누구든 참여 가능하다.

▌ 홈페이지를 통해 행사에 대한 정보를 얻고 한번 쯤 정월대보름굿에 참여해 보자.

문의

농촌전통테마마을 필봉굿마을

U http://feelbong.go2vil.org   T 전화 063-640-4630

임실필봉농악전수관

U http://pilbong.co.kr   T 전화 063-643-1902

1 필봉굿마을에 눈이 내리면
2 필봉굿을 지키는 마을, 빈집을 지키는 개
3 작고 얕지만 흘러흘러 섬진강과 만나는 샘골
4 당산제 순서 마지막에 앞마당에서 큰 판을 벌이는 필봉굿체험관
5 4대째 내려오고 있는 필봉굿 보존회장 계보
6 故 양순용 선생님께서 사용했던 카세트

1

2

3

4

5

6

7 1997년 새벽부터 밤까지 이어지는 정월대보름굿
8 2000년 故 양순용 선생님 추모제 행렬
9 2009년 주민과 함께 하는 필봉농악보존회 연말 모임
10 따뜻한 식사 한 끼 나누며 깊어지는 이야기
11 현관 앞에서 꼬치에 끼워 곶감 말리기
12 주렁주렁 홍시기 몸을 말리고 있는 상필미을의 김신호 상

7

8

9

10

11

12

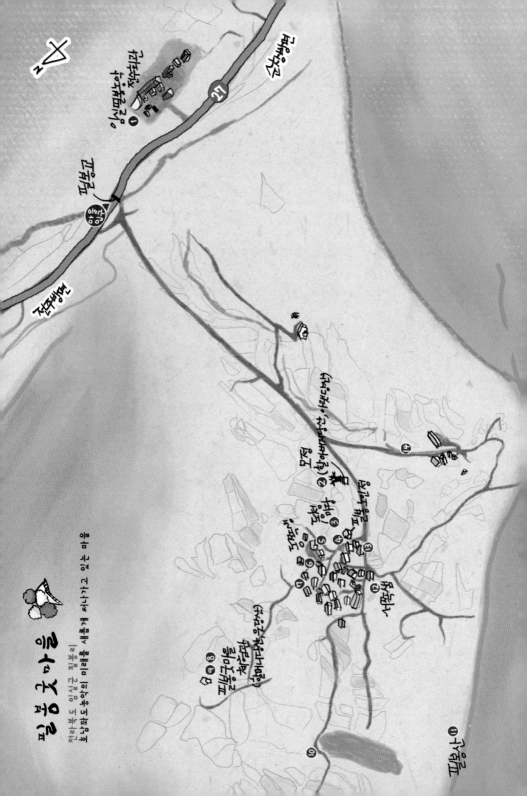

결쿵ᐟ: 동네에 경비를 쓸 일이 있을 때, 여러 사람들이 매를 짜서 강서로 다니면서 둥둥둥 치고 재주를 부리며 돈이나 쌀을 구하는 일을 뜻함.

처배**: 농사에나, 타이기를 치는 사람을 통틀어 이르는 말.

8 → ① → ⑦ → ⑥ → ⑤ → ④ → ③ → ② → ⑬ → ⑫ → ⑪ → ⑧

⑪ 피봉사

마을 뒷산 봉우리가 봉가처럼 나란히 형성을 하고 있다 하여 피봉이라는 이름을 가지게 되었지요.

⑫ 사포내

마을 뒷소중함에 감사드리며, 마을 사람들의 건강을 빌며 생쇠을 치는 곳입니다.

⑬ 수지지

굿터의 시작 첫 번째 지의 수소을 치는 이가 살고 있습니다.

⑭ 개우무 어디로 가까

마음을 흐르는 개울.
이곳 생으로 차고 앉지만 안생기는 냉고 걸는 섬치간으로 솔을 돌리답니다.

⑤ 부소지

굿에 임신의 흐트러지지 않도록 하고, 상쇠을 듣는 역할을 하는 부쇠가 살고 있어요.

⑰ 대포수지

딍것이 둥보이는 피봉노이에서는 마음 웃게게 이끌어가는 잔쇠의 역할이 매우 중요합니다. 잔쇠 중에서도 우두머리가 되곤 하는 대포수의 집입니다.

⑧ 피봉구이응체학교

당신세의 순서가 모두 끝나 무렵 이곳씨에 지여도 굿체씨란 안함씨당씨에서 큰 곳 한 판이 벌어집니다.

⑨ 하아시디나사

이곳에서 절뭉쇄라 부르는 잇신세를 지나고 하랭다신으로 갑니다. 한마니당산은 까다로워서 음시도 가리신다 하네요. 고기구이나 생선구이 버린 것은 쓰지 않아요. 굿은 일이 있다 사람은 제 지낼 때 근처에도 가지 못합니다. 애전에는 당신나무도 있었지만, 이제 잘라나있다십시다.

⑩ 화피마응 가는 기

피봉마응은 상봉과 하봉 두 곳으로 구분할 수 있습니다. 이곳 저수지을 지나 조금 더 위로 올라가면 화피마응이 나온답니다.

① 이시피봉노이(전수회간)

어렴땀 비디하우스 시정을 가져 새롭게 지어진 피봉굿서소큰. 전구 각지 사람들의 모여든데 문석소리를 이룹니다. 전시관과 하우 체험집 등이 잘 갖추어져 있어요.

온 마음이 한구구나, 피봉마응 피봉노이

무형문화재로 지정된 피봉노이에는 마음 주민들도 찾아오는 누구라도 함께 녹어들게 됩니다.

② 하아버지디나, 아래다나나무

동구 밖, 마을 입구 언덕에 마을 수호신 하아버지디나신이 있어요. 당신나무 앞 평평한 터을 닦아 당마당으로 쓰지요. 마을 앞 작은 산이 어시(어오)형구이라 여시발도으로 불린는데, 여시발도으로 불린답니다.

이곳에 나쁜 기운이 마음에 들어앉도록 심은 것이라고 해요. 나이는 산백 살이 넘었다고 게요.

③ 도치이다

치배)가 꾸밈새를 반듯이 갖춰 응을 차려입고 이곳으로 모여들면 것이 시작됩니다. 마당 옆에는 마음을 상징하는 기을 세워요. 굿것이 이응 때마다 기가을 빼냥것있지요. 이곳은 정별매포을 당싱을 때로나 굿마당이기도 합니다.

④ 피봉노이지

마이 벼어지면 그마당 응에 젖는 사람들로 북적이는 동청마당 앞 마을하리. 거마손이 걸리고, 이야기가 넘치며 마음을 찾아온 사람들 것은의 모든 이들이 머거리와 정을 함께 나누지요.

⑤ 아사싱지

피봉마응의 여사를을 잃삭 꼼피은 무형문화재의 안소 성새님 댁입니다. 굿것을 위해 전구을 누벼 사로도 싯었지만, 지게 지고, 농사지는 일을 동가지않았던 사람. 자싱강이 응에 내도레레라고 굿것 삶과 죽음 모두 이곳에 두었습니다.

가피짓 상쇠다나

꼭 한판 찾아가 듣어보련합니다. "어부터 이르기를 가을 바걔처지는 대쳐지기요."

인채사구니 조항자긴팀임이아. 이제 대쳐되니 안바니 식솔 모두 다 일너 엏도다 산백을 엄내우소이! 몸 응을 바가니 깨 다깉랄돗이 복 마이 속만하시고니뿐 애든이 이거들을 자 서쥼의 응에 내드레레라고 좋 지쟌 숨마하시게!"

경북 구미
신라불교초전지마을

선비들이 사랑방에서 나누던 이야기로 빚은 마을

모례장자의 집터라고 전해 내려오는 전 모례가 정(모례장자샘),
신라에 불교문화를 최초로 꽃 피운 아도라는 스님이 숨어 살면서
포교를 하던 집터라고 전해 내려오고 있다.
몸의 배꼽처럼 마을 중심에 샘이 있다.

3개 군, 3개 면, 6개 리가 접해 있는 구미의 끝 마을

우리 마을은 구미시에서 가장 오지인 구미시 도개면에 위치하고 있다. 도개면의 도개리, 다곡리, 의성군 구천면의 청리, 군위군 소보면의 달산리, 위성리, 보현리에 접해 있다. 옛날 마을에서 소를 방목하면 3개 군, 3개 면, 6개 리의 풀을 모두 뜯어 먹는다는 말이 있었다. 남과 북을 가르며 흐르는 낙동강 덕분에 땅이 비옥하여 일찍부터 농업기술이 발달했다. 신라 불교가 처음으로 전래된 곳이라 불교와 관련된 유적지가 많다.

신라 불교가 가장 먼저 들어온 마을

우리 마을 도개2리는 역사 기록상 신라 불교의 최초 전례지이다. 고구려에서 '묵호자'라는 스님이 마을을 찾았을 때 마을의 가장 큰 부자였던 모례가 자기 집에 굴을 파고 3년 동안 숨겨 주며 불교를 전하도록 했다. 그 뒤에 아도가 왔을 때도 자기 집에 머슴살이를 시키며 불교를 전하도록 했다. 아도는 모례네 집에 다섯 해 동안 머슴살이를 했으나 그만둘 때 품삯을 한 푼도 받지 않았다. 모례가 아도에게 대신 소원을 하나 말하라고 하니, 아도는 두 말짜리 망태기를 내밀며 거기에 시주를 해달라고 했다. 그러나 쌀을 아무리 부어도 망태기는 채워지지 않았다. 자그마치 모례가 아도의 망태기에 부은 쌀이 천 섬이나 된다고 한다. 그렇게 해서 모례장자가 시주한 쌀로 아도는 '도리사'를 지었다고 전해진다. 『삼국유사』에서는 아도를 전설적인 인물인 묵호자와 동일 인물로 추정하고 있다.

신라의 첫 불교 신자 모례(毛禮)의 집 우물

마을의 중앙에는 '전(傳) 모례가 정'이라는 우물이 위치하고 있다. 신라 최초로 불교 신자인 모례의 집에서 사용한 것으로 전해진다. 『신증동국여지 승람』에 '아도가 모례 집에 고용되어 매일 소 백 마리를 방목하였다'는 기록 이 있는 것으로 보아 모례는 장자(長者)였을 것이다. 이 우물은 시도 문화재 자료 제 296호에 지정되어 있는 우물이다.

◀▲ 오래된 초가집 앞 으로 해와 달이 하나가 된 일원곤륜도가 있다
◀ 그림으로 설명해 놓 은 이야기는 책자를 보 는 듯하다

▲ 옛날 아도가 모례장자의 소 백 마리를 방목했다는 소골
◀ 여름이면 주륵폭포에서 쏟아지는 물줄기가 시원하게 흐르는 주륵사 폐탑 가는 길
▼ 옛 자취를 조금이나마 느낄 수 있는 폐탑지 석재 돌

『삼국유사』에 등장하는 '아도' 이야기와 어른들에게 들은 전설_ 조우종(73세)

아굴마와 고도령의 아들 '아도'_내가 『삼국유사』에 대해 얘기해 줄게. 그게 우리 마을하고 관련이 있어요. 그 당시에 저 위로는 고구려입니다. 그때 중국에서 여기로 사신을 하나 보냈어. 그 사람 이름이 아굴마여. 몇 달 있다가 갔는지 모르겠지만 고도령이라는 여자랑 친했어. 사신이 가버리니까 여자한테 태기가 있어. 아를 낳아 보니 남자 아야. 지아버지 아굴마의 성 '아'자랑 자기 이름 고도령의 '도'자를 넣어서 '아도'라고 이름을 지었어. 그 아가 열두

▼ 우실에 위치한 집 한 채는 외관으로만 봐도 역사를 느낄 수 있다

살쯤 돼가지고 아버지 찾아가야 되겠다면서 떠났다고. 그때 뭐 차가 있나, 비행기가 있나. 걸어서 압록강 건너서 중국까지 찾아가 보니까 아굴마가 아직 살아 있어. 거 가서 인사를 하니까 아굴마가 반갑게 맞이하고 이 아를 자기가 안 키우고 절에다 맡겼는기라. 아도는 절에서 불도를 공부했지. 불교를 전파하고 싶어서 남쪽으로 내려오니 신라가 있는기여. 신라의 수도에서 묵호자라고 이름을 바꿔가지고 불교를 퍼트렸는데 안 돼. 그래서 되돌아 나와 온 데가 여기 도개여.

여기 와보니 모례라는 부자 사람이 사는 거야. 이 양반이 여기다 소를 천 마리를 맥이고 양도 천 마리를 맥이고 막 그만큼 부자여. 인제 아도가 모례네 집에 일꾼으로 들어간 거야. 고때 지명이 남았는기 저쪽에 가면 지금도 우리가 소꼴 하는데 그게 아도가 소를 천 마리나 데려다 풀을 맥였다는 곳이야. 아직도 있어. 소꼴하는 데가. 또 그 소들 있던 '우실' 하는 데도 있고. 소 우자, 집 실자 써서 우실이야. 여기까지가 『삼국유사』에 나온 이야기여.

자꾸만 부어도 차지 않던 아도의 바가지_
여기서부터는 어른들한테 들은 전설이여. 그래 부잣집에 살다가 이제 갈라 카는 기라. 주인이 "갈라 카면 품삯이라도 얻어 가야 하는 거 아니냐?" 했더니 "아니 냅두소."

▶ 마을의 역사를 잘 알고 계시는 조우종 어르신

▲ 옛 정취가 어우러진 마을 한켠의 집과 주변 풍경

그랬는데 돈을 줄라 카는 기라. 그래 카니까 조맨한 바가지 하나를 내놓는기라. "여기만 조금 채워 주소." 그렇게 내미는데 "고까고 되나?"라고 하니 "아니 여기만 채워주소." 그래 조맨한 바가지가 한 말 부어도 안 차, 두 말 부어도 안 차. 자꾸 부어도 안 찬단 말이여. 거기서 모례라 하는 양반이 깨우치는거여. "너를 이리 보내면 우에 만나겠노." "저를 만나려면 내년 봄에 칡덩굴이 죽 내려와가지고 저 담구녕으로 들어오거든 그것을 따라 오시오." 그러고하직을 했는기라.

　　그 다음 해 봄에 칡덩굴을 따라가니 태조산에 조그맨한 암자를 만들어놓고 들어 앉아 글공부를 하고 있데래. 겨울인데도 복숭나무하고 오얏나무나고 꽃이 폈데래. 그래서 복숭 '도'자 하고 오얏 '리'자 두 개 따다가 도리사라고 하는기여.

갓 쓴 선비들이 사랑방에 모여 나누던 이야기 _김시용(72세, 해설사)

백용성 스님이 독립운동을 한다고 남북한을 다 다녀봐도 경북 선산이 터가 좋더래. 특히 도개 여기 와보니까 너무 좋아가지고 23살 때 와가지고 24일 만에 도를 깨우쳤대. 그래서 아까 모례 정 옆에 향나무가 그 양반이 그 기념으로 세운 나무래. 예전엔 옛날에 모례장자가 여기에 살았다는 정도만 알았지. 여기 문화재를 정부에서 복원하고 정책 사업을 하고 하니까 이제 그런 옛날 이야기가 나온다 이거야. 사랑에서 갓 쓴 선비들 이야기로는 여기가 모례장자 터라고 말씀을 하셨는데 요세 와 "아, 그때 그런 말씀 하신 거루 나." 이래 기억이 나는 기라.

▲ 과거 주륵사 절터였으나 이제는 사람의 흔적이 닿지 않는 밭

그리고 저 뒤에 산에 가면 주륵사 폐탑이 있어. 우리 어렸을 때 그 폐탑 돌짜기를 깨가지고 산소 앞에 좌판을 만든다고 이래 하는기라. 근데 탑을 만들었던 돌짜기로 조상 산소에 쓰면 해롭다, 안 좋다 해서 안 했어. 주륵사 폐탑 옆에 밭이 있어요. 거기가 신라시대 때 절이 있었다고 하더라고. 절이 아주 컸대. 아까도 애기 했지만은 사랑에 갓 쓴 선비들한테 들었는데 "절에 빈대가 성하면 망한다" 하더라고. 그 절이 빈대가 성해서 망했다는 얘기가 있어.

옛날엔 농사 지으니까 시간이 많잖아. 여름이고 겨울이고 모이면은 이야기가 끊이질 않아. 여름에는 마을 동구 밖에 그늘 밑에서 이야기, 뭐 인생

살이 이야기. 또 밤에는 사랑방에서 모여 이야기 하고. 우리 어릴 때는 사랑에서 얘기하는 거 많이 들었지. 우리 집 조상에 대한 이야기, 남의 집 조상 이야기도 많이 듣고 했는데. 지금은 우리 조상에 대한 얘기를 애들한테 해줄 시간이 없어. 일 년에 몇 번 못 보고 다들 바쁘다고 저들 볼일 보는데 뭐.

▲ 전 모례가 정 옆의 불교전시관

한 어르신이 말씀하신다. "가장 아름답게 망한 나라가 신라야. 피를 부르지 않은 유일한 나라였거든." 그 신라의 불교가 가장 먼저 들어온 마을이기 때문일까? 마을 입구부터 고요함과 자애로움의 기운이 서린다. 마을로 들어가는 버스가 없을 정도로 오지 마을이지만 주민들은 환한 표정과 마을에 대한 강한 자긍심을 자랑한다.

감성나눔

전 모례가 정

약 1,500년이나 되었다는 신라시대의 우물, 여전히 우물 안에는 물이 찰랑찰랑하다. 불교를 처음 전파했던 모례장자와 아도, 묵호자 스님이 마셨던 우물을 주민들은 오랜 시간 마을의 공동 우물로 사용했었다. 지금은 문화재 보호 차원에서 덮개를 만들어 놓았다.

감나무로 둘러싸인 마을

옛날엔 마을에 소나무가 많았다는데 지금은 감나무가 많다. 겨울의 앙상한 가지의 감나무 숲을 보면 신비한 마술사가 사는 마을 같은 느낌도 든다. 유독 이 마을의 감이 단 것도 마술사의 힘일까?

전 모례가 정 옆 150년 된 향나무

모례네 우물 옆에는 150년 정도 된 향나무가 있다. 옛날 백용성 스님이 23살 때 이곳에 와서 24일 만에 깨달음을 얻고 도를 깨우친 기념으로 심었다고 한다.

정보나눔

▎ 정보화마을 홈페이지에서 옛선산고을사과, 시골곶감 등을 구입할 수 있으며 계절별 체
험프로그램에 참여할 수 있다. 마을 어르신들의 환한 얼굴을 미리 찾아보는 재미도 빼놓
을 수 없다.

▎ 마을 안에는 식당과 숙소가 없고 선산읍 인근 식당과 숙박업소의 이용이 가능하다.

문의

Ⓤ http://silla.invil.org

Ⓣ 054-472-5318

1 신비로움을 머금은 감나무가 많은 마을
2 임두문 스님이 처음 이곳에 와서 그린 벽화
3 학생들이 정성스런 붓 선율로 함께 그린 불교 벽화
4 신라 불교가 처음으로 전파된 마을
5 신라시대에 큰 절이 있던 자리에 이제 홀로 남아 있는 폐탑
6 아도가 모례장자네 100마리의 소들을 먹였다던 소골

1

2

3

4

5

6

7

8

9

10

11

12

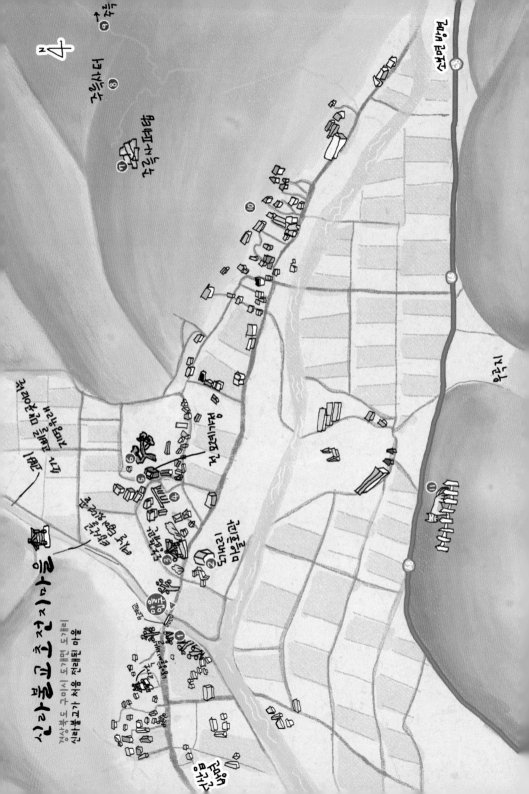

① 가느나무 그늘

옛날에 송쳐이라 하여 소나무가 많았는데 옛날 정이 놓여 있던 자리에는 지금은 가느나무가 많습니다. 주렁주렁 달린 감을 보면 어릴 때 뽕을 줘 먹던 기억이 납니다. 특히 그 그늘에서나는 감은 유독 달다고 하지요.

② 정보화마을 정보센터 (2F)

마을정보센터는 어르신들이 인터넷을 배울 수 있는 곳입니다. 8칸도에는 110호에 한 가구당 3~4명이 살아가지만 지금도 함께나 혼자 사시는 집이 많습니다. 어르신들의 이곳 정보센터에서 컴퓨터로도 받으시고 영화감상도 하며 여가를 보내신다고 하지요. 능에는 도 개들이 마을회관이 있습니다.

③ 도농교류관

건강관리와 세미나를 하는 곳

④ 벅수의 길

이 마을에 벽화가 그려지는 200너년 쯤 되었다고 합니다. 임도문 스님이 78년내에 처음 이곳에 와서 구구마다 방향가 만들어졌어요. 차분한 분 선물로 마을에 바로 길이 열리기를 보여지요

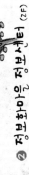

⑤ 정 모래가 정

'전하는 말에 따르면 모래의 샘이라 한다'는 뜻으로 모래라는 마을의 큰 부자가 아드화상을 숨겨주 덕에 아드화상이 신한에 불을 최초로 전제하게 되었다고 합니다. 그 모래가 만든 샘은 마을 사람들은 어린시절 두레박으로 떠마시었습니다. 마을의 공동우물이기도 했던 것이지요.

아드가 모래장자에게 곡식을 얻는데 "이만한 바구니에 곡식을 부여 주세요." 라고 작은 바구니를 내밀었다지요. 그런데 아무리 그 안에 한 말, 두 말 부어도 바구니가 차지 않는 것입니다. 모래는 그 때 그가 범상치 않다는 것을 알았다고 합니다.

⑥ 150너 된 향나무

우물 옆에는 1500너 너 된 향나무가 있습니다. 백울성 스님이 23살 때 이곳에 와서 24님 만에 깨달음을 얻고 도를 깨친 기념으로 심었다고 합니다.

⑦ 주등사 패탑

옛날 정이 놓여 있던 자리에는 이게 패탑 하나만 덩그러니 놓여 있습니다. 이 패탑을 동쳬들이 조가상의 샤면으로 사용하려다가 탈 썼는 돌로 쌓면을 하면 안좋은 일이 생긴다 하여 그냥 놓아두었다지요.

⑧ 주등사 터

이 정은 아주 크기도 했고 도리사보다 앞서 지어진 유래 깊은 정이었다고 주정되고 있습니다. 그래나 아쉽게도 반파가 많아서 사라져 버리고 말았다고 합니다.

⑨ 주등포포

근처 구루룩포포에는 한 채내의 무덤이 있습니다. 150너 전 어느 포수가 호랑이와 담판을 짓고 있었는데 호랑이에게 선 화살이 꽉 박고 있었지요. 기한이 두어도 사나운 명수의 성질을 두려워으니 화가 난 호랑이는 근처에서 나물을 뜯는 처녀를 물어버리고 말았습니다. 포수는 호랑이와 다시 겨룸을 지었고 결국 만산정이가 된 호랑이와 포수 모두 생상을 떠나버렸다고 합니다.

⑩ 우실이야기

이 곳을 다구메이라 부르는데 원래는 정말 대보를 남정맥이라 여기에서 윗쪽에 '당뫼' 또는 '당양' 이라 불렀습니다. 옛날 모래장자가 가족을 잃고 며 공부가기 소드레서 바쁘해 몸을 묘에 마게 하고 우실(마구간)을 지었다가 하여 우실을 우실이라고 부드고 하는데요 그래서 소유추가는 마을 이름으로는 쓰지 않는다 하여 어리석은 소의 모습을 말줄라서 어리석음 우愚를 쓴다고 합니다.

옛날 이곳의 사람들은 겨울에도 맨발에게 바람의 숭숭 들어오는 짚신을 신었어요. 무릎 꿇어 있는 이들도 많았지요. 구정이 오기 전에 식량이 떨어졌을 때는 보리자루를 하거나 부드들에게 구시을 얻어 후구재움을 하기도 했답니다.

⑪ 소금

모래정쳐는 아주 부자여서 100마리의 소를 먹었습니다. 이곳은 그 많던 소들 먼지 끓이고 하여 소곰이란 마을입니다. 지금까지도 동네 소들이 뭄을 묻고 있는 바로 그 장소이지요.

살고 싶고 가보고 싶은 빨강마을

Part2. 애정

가족보다 가까운 이웃들이 힘을 모아 기적을 이룬 '애정' 마을

다라미자운영마을 | 하늘나리마을 | 청풍호곰바위마을 | 가파마을

집성촌이 힘을 모아 자연과 인간이 공생하는 친환경농업을 시작했습니다.
주민 전체가 40년 동안 개미처럼 지어 나르며 십리 길을 닦았습니다.
모두 합해도 여덟 가구뿐이라 때론 이웃이 식구보다 더 가깝습니다.
주민들의 힘으로 다섯 번 만에 쌓아올린 돌탑이 반겨 줍니다.

가족보다 가까운 이웃, 친척이 모여 사는 마을, 힘을 모아 이룬 기적의 기본은 '애정'입니다.

충남 아산
다라미자운영마을

농촌의 희망을 실현하며 백 년을 설계하는 마을

같은 성씨로 이루어진 집성촌. 마을 중심에는 크나큰 정자나무가 있다.
몸의 중간에 자리 잡아 피를 공급하는 심장의 핏줄처럼.
다라미자운영마을 중앙에도 400여 년 동안 내 소식처럼 사람들에게 소식을 전해주는
크나큰 나무의 핏줄이 있다.

달이 가장 먼저 뜨는, 안씨 집성촌

우리 마을은 형성된 지 500년이 넘었고 순흥 안씨의 집성촌이다. 총 42가구 중 20가구 이상이 안씨 성을 가진 친척들이며 현재 32대손까지 살고 있다. 마을 뒤편을 감싸고 있는 월라산의 정상 즈음 보이는 큰 암석이 둥근 달이 떠 있는 모습과 같고, 마을의 형태가 달의 예쁜 눈썹을 닮았고, 달이 가장 먼저 뜨는 마을이라 하여 '달아미', '다라미'라 부른다.

친환경농업과 올바른 농촌교육을 실현하는 마을

우리 마을이 지향하는 것은 '안전한 먹을거리와 인간과 자연이 어우러지는 생태'다. 친환경농업을 시작한 지 10년이 넘었고 농지의 60~70%에서 친환경 농사를 짓고 있다. 친환경농업을 시작하고부터는 사라졌던 반딧불이가 나타나기 시작했다. 농경지에는 물방개, 물자라, 금개구리도 등장했다. 땅과 자연, 생태와 인간을 되살리는 역할을 친환경농업이 하고 있는 것이다. 우리 마을에 있는 초등학교 또한 올바른 농촌교육을 위해 생태수업을 지향한다. 학교 뒤로는 아이들과 부모들이 함께 운영하는 400여 평 정도의 텃밭이 있다. 고구마, 감자를 심어 간식으로 먹고 배추, 무를 심어 겨울에는 김장을 한다. 학생들은 내가 키워 직접 담근 김장김치를 한 학기 정도는 급식으로 먹을 수 있다. 작은 학교이지만 도시까지 소문이 나서 귀농귀촌 가족이 늘고 있다.

1년 내내 무료급식을 지원하는 아주 특별한 콩나물공장

우리 마을엔 2005년에 주민들의 출자를 받아 지은 콩나물 공장이 있다. 이 공장은 이익금을 지역농업이나 지역공동체에 환원하기로 약속하고

▲ 마을 주민의 꿈과 희망을 실현하는 콩나물 공장

만든 것이다. 콩나물공장이 생기고 나서 마을에 몇 가지 변화가 생겼다. 하나는 다른 지역에서 사던 콩을 이제는 지역에서 직접 20톤 정도를 생산하게 되었다는 것이다. 그리고 여기서 생산되는 콩나물을 송악에 있는 세 학교에 1년 내내 무료급식으로 지원한다. 지역아동센터와 반찬나누기사업에도 매주 무료지원을 하고 있다. 겉모습은 작고 평범한 콩나물공장이지만 지역적 의미는 아주 특별하다. 소비자들이 직접 와서 맛도 보고 콩나물 포장 체험도 할 수 있도록 개방하고 있다.

다라미자운영마을지킴이, 순흥 안씨 28대손_안복규 (45세, 체험관 사무장)

결혼을 포기할 만큼 간절한 결심, 농사_내가 순흥 안씨 28대 손이에요. 한 번도 마을을 떠난 적이 없어요. 나도 한때는 친구들처럼 농촌을 떠나 서울로 가고 싶었던 적이 있었지. 그러나 농촌에 남기로 결심한 것은, 억울했기 때문이에요. 우리 아버지, 우리 어머니, 새벽 4시부터 나가서 밤늦게까지 일을 하는데, 저렇게 열심히 사는데, 왜 저렇게 가난할까? 무엇이 문제일까? 농촌을 무식하고 할 일 없는 사람들이 농사를 짓는 가난한 사회라고 정의 내리는 현실이 너무 가슴 아팠어. 그래서 자식새끼만큼은 죽어도 농사를 안 짓게 하려고 땅 팔고 소 팔아 울면서 도시로 떠나보내는 농민들이 안타까웠어요. 농

▼ 평생 한길을 달리고 있는 농민 안복규 씨

▲ '소통'과 '나눔'을 좋아하는 안복규 씨

사라는 것은 생물이기 때문에 오랜 세월 동안 직접 부딪치며 몸으로 체득하는, 훨씬 더 다양한 전문성을 필요로 하는 일인데 그것을 인정하지 않는 사회를 바꾸고 싶었어. 누구보다도 성실하게 열심히 사는 농민들이 전문가적인 대우를 받아야 된다고 생각했지. 그것을 위해 농촌에 남아 내가 할 수 있는 일들을 찾아야 되겠다고 결심했어요. 그 결심은 결혼을 포기할 만큼 간절했어. 내가 농촌에 사는 농민이라는 이유만으로 결혼을 할 수 없다 해도, 농촌으로 시집올 사람이 없다하더라도, 그걸 감수하면서 농사를 짓고 농촌에 남겠다고. 집성촌의 28대 손인 나로서는, 그리고 평범한 한 남자로서도 그 결심은, 정말 간절한 거였어.

사람의 귀함을 깨닫게 해준 친환경농업_친환경 농사를 시작하면서부터는 주민과의 '소통'이 화두였지. 삶의 문제에 깊숙이 들어가 진심으로 소통을 하고 싶었어. 2년 동안 겨울이 되면 무작정 주민들을 찾아가 친환경 농사를 짓자고 설득했어. 마침내 주민들은 친환경농업을 받아들여주었지. 그러나 막상 시작하니 병도 많이 나고 수확량도 적었을 거 아냐? 그에 대한 원망이 전부 나에게 쏟아지는 거야. 멀리서 마을 사람들이 걸어오면 길을 돌려 도망쳤어. 왜? 어른들을 만나면 혼날까 봐 가슴이 두근두근 거렸거든. 너무 힘들어서 일주일에 5일 이상 저수지에 가서 술을 마셨어. 화도 났어. 나 혼자 잘 먹고 잘 살자고 이러는 것도 아닌데, 내 맘을 왜 저렇게 몰라주나. 그러던 어느 날, 수십 년 동안 지어온 농사를 하루아침에 바꾸지 않는다고 속상해 하는 내가 무식한 놈이라는 생각이 들었어. 평생 농사만 지어온 사람들이 보기에는 이렇게 농사지으면 망하게 생겼거든. 걱정돼서 잠도 못 자고, 너무 답답해서 나에게 하소연하는 것인데, 그것을 견디지 못하는 내가 무식한 놈인 거지. 그러자 어르신들의 삶의 모습이 보이기 시작했어요.

'아, 저 사람! 초등학교도 못 나오고 평생 동안 농사만 지은 사람인데,

▼ 호박과 메주가 따사로운 햇살 속에서 시간을 품어간다

참 힘들었겠다. 저 사람 삶 자체만으로도 정말 소중하구나. 정말 귀한 사람이구나. 저 자리를 지켜주는 것만으로도 너무 고마운 사람이구나.'

사람의 귀함을 깨달은 다음부터는 두려움이 사라지고 어르신들과 소통을 할 수 있는 용기가 생겼어. 직접 부딪치며 사과를 하고 조금만 더 기다려 달라고 부탁했어. 결국 마음은 통하더라고. 저놈이 무슨 생각을 갖고 있구나, 마을에 필요한 일을 할 놈이구나, 어쩌면 어른들은 이미 다 알고 계셨던 것 같아. 그 다음부터는 어른들이 나를 도와주기 시작했어.

노인들의 쌈짓돈을 모아 지은 마을체험관_우리 동네에 있는 콩나물공장이요, 저게 지역사회에 굉장히 중요한 역할을 하고 있어요. 주민들이 출자해서 지은 건데, 저거 지을 때 내가 제안을 했거든. 여기서 발생하는 수익은 지역농업이나 지역공동체에 환원하자고. 그랬더니 "그래, 그렇게 하자." 흔쾌히 동의하고 일 년에 수백만 원이 넘는 콩나물을 지역에 무료급식으로 아낌없이 지원하고 있어요. 근데도 어른들은 그걸 되게 흐뭇해 하세요. 결국 그런 마을을, 그런 마을이 갖고 있는 비전을, 장기적으로 지역사회의 희망으로 가져가는 게 중요해.

체험관 지을 때도 중간에 지원이 끊겨서 적자가 났어. 어른들 모시고 회의를 했죠. '어떻게 했으면 좋겠냐?' 물었어요. 그 사업을 2년 동안 준비하면서 정말 많이 힘들었거든요. 근데 할머니들이 쌈짓돈을 싸들고 체험관으로도 갖고 오고, 우리 집으로도 갖고 오는 거예요. 40가구 중 28가구가 출자를 했으니 엄청난 거죠. 3천만 원이 넘는 적자를 노인들의 쌈짓돈으로 매꿨어요. 노인들이 체험관에 무슨 희망을 가질 수 있겠어? 잘될 거라는 확신도 없는 일이지만, 그건 젊은 일꾼에 대한 믿음이며 농사를 이어갈 사람에 대한 무조건적인 지원인 거예요. 아, 진짜 감동이었어. 얼마나 감동적이었는지 몰라요. 이런 게 바로 희망이구나, 생각했어.

무엇보다 체험관을 운영하며 가장 흐뭇한 건 할머니들에게 또 하나의 일이 생겼다는 거예요. 찾아오는 도시 사람들에게 시골 음식맛을 보여주고 용돈도 벌고 그걸로 행복해 하시고. 노인복지가 다른 게 아니에요. 자기가 잘 하는 일을 하고 당당하게 임금을 받는 구조를 만드는 것, 바로 그거지. 다행히 우리 마을 체험관은 결산을 해보니 천만 원 이상의 순수익을 얻었어요.

아빠처럼 농사지을 사람? 저요! 저요!_운이 좋게도 난 결혼을 했고, 아이가

▼ 빠르게 움직이지는 않지만 우직고 부지런한 농촌과 어울리는 위원장님 댁 앞의 경운기

셋이에요. 우리 아이들에게 "아빠처럼 농사지을 사람?" 물으면 "저요!" "저요!" 손을 들어요. 그럴 때면 참 행복해 눈물이 날 것만 같아. 아빠의 뒤를 이어 농사를 짓는다는 것이 중요한 것이 아니라 한국 사회에서 농민으로 살아가고 있는 아빠에 대해 자랑스럽게 생각하고 있다는 것이 감동인 거지.

우리 동네가 아산시에서 가장 인구가 적은 마을이거든요. 그런데 우리 마을 초등학교가 유기농 급식을 가장 먼저 시작했어. 그리고 도서관 후원회를 만들어 후원금을 모으고 그것으로 사서를 채워 넣고 다양한 프로그램도 운영해요. 무의탁노인 반찬지원사업도 15년째 하고 있고.

우리는 앞으로 더욱 다양한 사업들을 할 거예요. 지역의 원로들 의견을 모아낼 수 있는 마을신문도 만들 거고 마을 내에서 일차 가공을 할 수 있도록 시스템을 갖출 거고. 스스로 살아갈 수 있는 과정들을 만들어나가겠다

▲ 마을의 상여집. 슬픔도 함께 나누는 집성촌의 하나 되는 모습을 볼 수 있는 곳
▲▶ 상여집 뒤에는 공동묘지가 있다. 살아 생전에도 마을 사람들은 한 가족처럼 지냈는데 죽어서도 다 같이 한 가족을 이루고 있다

는 거예요.

우리 마을은 친환경농업이라는 기본적인 틀, 그 다음에 올바른 농촌교육이라는 중요한 중심축을 놓고 지역공동체가 어떻게 갈 것인가에 대한 백년을 설계해요. 젊은 사람들이 많지 않아 외롭긴 하지만 우린 꼭 헤낼 수 있을 거라 생각해. 애니민, 쪼기하지 않을 거니까. 내가 못 하면 우리 자식이 할 거고, 자식이 못 하면 대물려 가면서 반드시 이룰 거니까. 정책적으로 농업현실이 극단적으로 내몰리고 있지만, 그 속에서도 사람이 희망이잖아요.

▼ 언제나 함께하기를 좋아해서 열려 있는 대문

다라미자운영마을은 이상적인 도농공동체를 실현하기 위해, 단순하게 체험이나 물품을 나누는 것이 아닌 삶의 부분을 나누기 위해, 늘 고민한다. 언제든 도시민들이 마을을 찾으면 고향 같고, 도시에서의 짐을 내려놓을 수 있길 꿈꾼다. 논 맬 때는 마을을 찾는 도시민들과 함께 풀도 뽑고, 저녁이면 삼겹살을 구워 먹으며 이야기도 나눈다. 이렇게 삶의 중요한 요소들을 함께 나누며 삶의 공동체로 묶여져 나가고 있다.

감성나눔

마을의 희로애락을 기록하는 상여집

다라미자운영마을에서는 꽃상여에 시신을 모시고 화장을 하지 않는다. 나이가 100살은 훌쩍 넘은 상여를 상여집에 보관해두고 상이 날 때마다 재활용한다. 마을에 상이 나면 상여집의 문이 열리고 청년회가 상여를 맨다. 상여집 뒤로는 공동묘지가 있어 더욱 으스스한 분위기를 자아낸다. 해질녘 분위기가 최고조에 다다랐을 때 찾아가 보자.

멋과 맛이 숨어 있는 마을체험관

체험관에 가면 대학생들이 농활 왔다 그려놓고 간 벽화와 만날 수 있다. 또 사무장 안복규 씨의 도시민과 소통하고 싶은 애정이 담긴 각별한 맛을 경험할 수 있다. 마을에서 직접 키운 돼지와 배추를 활용한 '묵은지삼겹살구이'와 '볶음밥'은 아직까지 남기고 간 사람이 한 번도 없다고 자부한다.

특별한 콩나물 맛보기

공장 안으로 들어가자마자 비릿하고 따뜻한 습기가 몸을 감싼다. 이곳에서 생산되는 콩나물을 많이 먹어줄수록 지역공동체가 성장한다.

정보나눔

다라미자운영마을체험관

한해 1만여 명의 도시민이 다녀가는 곳이다. 농촌 체험, 벌꿀 체험, 숲생태 체험 등 다양한 놀이프로그램이 있어 가족 단위 체험으로 좋다. 시골밥상을 맛볼 수 있으며 숙박도 가능하다.

다라미자운영마을축제

매년 5월 꽃밭에서 대동줄다리기를 하는 자운영축제, 10m 높이의 달집을 태우는 정월대보름축제, 10월 둘째 주 토요일 소비자와 생산자 300여 명이 함께하는 가을메뚜기잡기축제 등 다양한 축제도 있다.

문의

Ⓤ http://darami.go2vil.org

Ⓣ 사무장 안복규 _ 019-420-7419

1 달이 가장 먼저 뜬다는 마을의 깊은 밤, 진한 달빛
2 유기농 사료를 먹으며 건강하게 자라는 돼지형제
3 일제시대의 잔재로 남은 리기다소나무숲
4 옛날부터 마을 주민들이 물과 정을 나누던 우물
5 마을의 뒷산에 조용히 자리 잡고 있는 산제당
6 가지런히 쌓인 땔감과 메주가 정겹게 걸려 있는 집

1

2

3

4

5

6

7

8

9

10

11

12

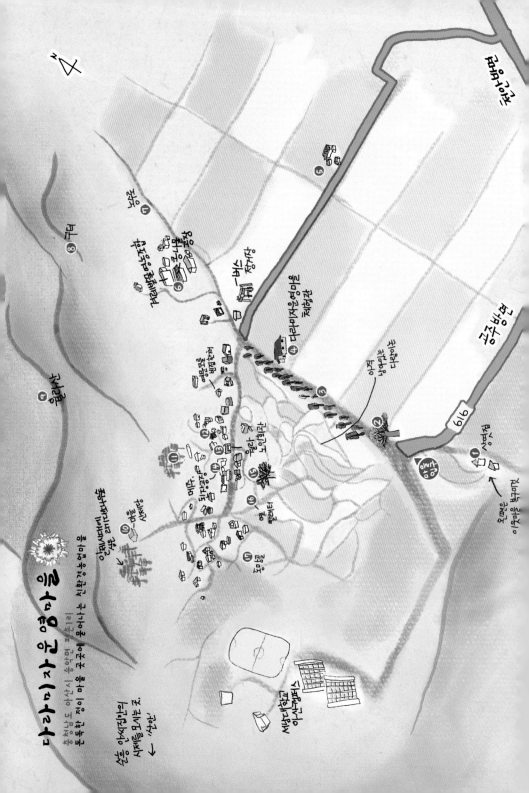

④ → ⑦ → ⑥ → ⑫ → ⑪ → ⑩ → ① → ⑰ → ⑯ → ⑬ → ⑭ → ⑮ → ③ → ④

① 마을 사이길

옆으로 실수 가는 가마가 잔뜩이는 곳
상아를 내고 잔체길 서름 비밀한
모든 웅음을 보관합니다.
아이들에게는 한눈에도
가신이 나올까 오슬오슬
무서운 장소솟이요
지금도 마을 젊내린 상애를 맨느이

② 아름드리 느티나무

언제부터 서있었을까요.
마을 입구를 지키며, 지난 세월 기억하며
늘 그 자리에서 있는 듬듬한 느티나무랍니다.

③ 칫칫칫 기어요

농지 정리 때 사라진 미루나무들을 대신해
청내와가 심고 가꾼 바람막이 나무들
길게 늘어선 아담한 나무길이 사이로
천천히 걸어보세요.

④ 다라미자우여아웅 차체히간

대파생들이 그럼동고 간 복학이 눈에 비는
멋진 마을체들만이다.

⑤ 옛 다람이농동 기억하는 지

1980년대, 농구장럼사이이 시작되기기 전
이 마을는 다양이노라 집도뿐이었지요
보체 자리를 지키디 남무 두 거.
당시에는 외지이었던 집주인이 지금도
마을 옛자리 한구석을 지키고 있습니다

⑥ 주민이 함께 뜨리가는 마을

바뀌에도 조합심리 큼나믐곳
주미를 내고 잔체길 서름 비밀한
주미 모두가 함께 웅영합니다.
생신물이 천한겨 그사재로 모금하거나
여라은 이웃이 무상으로 지원하기도해요
수도나쁘지 안지랍니다.
사회적 기업 따로 있니요.
주미의 열정과, 심성온이 깊은 유세 다문에
이루어진 것이 좋은 이돌이지요

⑦ 메주, 된장고자

할메니들이 해마다 만들어 팔던 메주가
좋은 소문이 나게 되었어요.
구웅 앞 장독의 장명을 본 뒤에,
이 장독을 내 것이니다른 곳에 맡지 마시오
하고 점체하는 사람도 있다지요.
겨울철 집집마다 체마 밑에
메주가 주랑주랑합니다.

⑧ 옛 사람 사던 곳

돌도기마 그곳 조가들의 발견되는 곳이에요.
돌신도를 때마 올리가면 만나 수 있는 곳
두타리고부른이요.

⑨ 마을뒷산, 워라사

삼이든한 시장에 신조대기름 명동바위에사
천물을 이를 하고, '쉬어'소리나도록
머디 단지기 사랑을 했지요.
산이이머 개승이머 워매를 찾아나면
신나게 놀던장의 마을 뒷산이랍니다.

⑩ 마을 사제당

예전에 마을과 가정의 안녕을 비는 제사를
지내는 장소였답니다. 준비를 함 무렵에는
마을 입구에 이웅 개을 줄이마을 쓰고
외부인 이웅의 출입을 막았어요.
제사에 참여하는 사람은
제사를 드리느 님 마을 밖에 먹이
조금이라도 부정을 탐 것이으며 그날에
마을로 돌아오지 않고 대신이다른 사람의
참석을 수 있도록 미리 정체놓어어요.

⑪ 이우라지 어나버리 농수로

30년 전 아이들은 호수로에서놈마주리지를
잡아 먹고 웅도를 비고 레었답니다. 도웅 모이
새 재상을 사고 빠도해던 소년도 있었지요.
시멘트로 정비된 수로에서는
그 주억을 첫응 길없이아이슴이 남니요.

⑫ 옛 우물

지금도 인근에 것이 잔득 심어져있어서
인레주에막한 코 디송 모드지 지남다.
마을에막한 한 곳이 남는 예 우무.

⑬ 워라노이하간

삼삼오오 모여 개선이어드신들이
마을 옛 이야기에 귀 기울일 수 있는 곳.
노인회관을 조금 지나면 새주으로 아렛마을
반대로는 웃마을입니다.

⑭ 동무운에사이의 자우웅사

마을를 머리의 동무긴
은 소듬싸고 하정밀이 급식새들를
수소 가꾸며 자연을 배우느 곳입니다.
배추를 가위 킹장도 답이 맛소.
텃밭 두메 실개진 텃밭 옆에는 그응나무
기응 한 고루 투 마시 서요.
동전다른느끼지면
기응 속 배들아 가이온데다가
담고 맛있느 얼매랍니다.

⑮ 말하는(?) 나무

느으 가운데 큰 나무가 많을 한다?
사실은, 마을 소식을 알리는 스피커가
내어나다리이사방으로 머리머리
이야기를 전하는 것이랍니다.

⑯ 오래 전 빨래터

지금도 맑은 상수도의 수원이 있는 곳
오래진에는 마을 아나들의 빨래터였어요.

⑰ 동무운에사이의 자우웅사

이웃진에교 하정밀이 급식새들를
느 그로 소나무가 꼽재가 되어주곤 했지요.
그 그로 소나무가 꼽재가 되어주곤 했지요.

⑪ 소나무 숲 추구캐기

웃마을 아랫마음 아이들의
추구경기장이었던 숲 나르한 서있던

전남 곡성
하늘나리마을

높은 곳에서 땀을 흘리며 열심히 사는 개미마을

그 옛날 선조들은 섬진강변의 모래로 기와를 만들어 초가지붕을 개간했다.
그후, 마을 안의 사납고 좁장한 골목길을 닦았다.
입구부터 마을까지 십리 길을 40년에 걸쳐 닦았다.
주민들의 협동심과 곡괭이 하나로 이룬 산촌마을의 기적이었다.
마을길 어디에 들어서도 오랜 땀냄새가 물씬 묻어난다.

높은 곳에서 땀을 흘리며 열심히 사는 마을

깊은 골짜기 마을이 많은 곡성, 그 중에서도 우리 마을은 가장 깊은 골짜기이다. 골짜기가 깊고 산세가 높아 항상 맑은 물이 흐른다. 또 입구에서 4km나 떨어져 있어 마치 마을이 없는 것처럼 보인다. 과거엔 전쟁이나 두 적의 피해를 입은 적이 없는 좋은 터였다. 여름이 되면 백합과 하늘말나리 꽃이 자생한다고 하여 '하늘나리'라는 이름이 붙여졌지만 원래 이름은 상한(上汗)리로 '높은 곳에서 땀을 흘리며 열심히 사는 마을'이라는 뜻이다.

40년 동안, 4차례에 걸쳐, 주민들이 닦은 4km의 마을길

우리 마을은 입구부터 마을까지 4km나 된다. 1960년대부터 주민들은 전부 힘을 모아 길을 내기 시작했다. 곡괭이로 파고 남자들은 지게에 이고 여자들은 머리에 이고 4km 길을 오르내렸다. 다른 마을 사람들이 산 아래에

서 그 모습을 보고 "상한마을은 개미들이 사는 동네다"라고 말했다. 그 도로포장사업은 네 차례에 걸쳐 진행되었고 마침내 2009년 11월, 입구부터 마을까지 잇는 2차선 도로가 완공되었다. 40년 동안 수많은 땀을 흘려 주민 모두가 함께 이뤄낸 일이었다. 우리 마을의 최고 자랑거리는 주민들의 단결력이다.

▶ 낮은 담장 안에서조차 땀흘리며
　열심히 일하는 사람들

마을이야기꾼
김재택(70세), 허영(69세, 마을지도사), 김재우(75세, 노인회장),
최규완(61세, 노인회 회원), 강병조(56세, 위원장)

옛날에 우리 마을은?

김재택 여기가 옛날부터 피난터야. 막 잘 살아보려고 오는 게 아니라 전쟁을 피해서 온 동네예요. 그러다 모여 살아가지고 동네가 됐었는디. 옛날

엔 나무가 많았기 때문에 나무를 해서 지게에 지고 저기 십리 밑에 큰길가에까지 내려가서 팔아. 그래야 보리쌀도 사고, 소금도 사고, 그렇게 해서 먹고 살거든요. 고기란 건 생각도 못하고. 여름에 그 나무를 등허리에 지고 한 십리 이상을 갈라면 어깨에 피가 나고 그래요. 근데 수역이라는 게 있어. 물의 힘으로 저 밑에까지 내려가는 거. 나무를 하나씩 하나씩 물에 떠내려보내면 그게 수역이

◀ 좌청룡 우백호를 거느린,
풍수 좋은 우리 마을

여. 여름에 비가 많이 와서 아들이 수역을 하는데 점심때라. 어머니는 아들이 힘든 일 하고 있는디 뭐 좀 갖다 매겨야 하잖여. 호박잎사귀를 뜯어다 고놈해서 국 끓여 줄라고 그라는디, 쌀 요만큼 있어도 되겠고 보리 요만큼 있어도 되겠고 밀 요만큼 있어도 되겠고 하나만 있어도 되겠는디 그것이 없어. 그래서 호박대랑 잎사귀만 해서 이고 밑에 동네서 여기까지 갖다줬어요. 그것만 생각하면 기가 맥혀. 서럽고. 그런 세상을 겪었지요. 나는 그걸 잊어벌더 안 해.

허영 요건 풍수 하는 사람한테 들은 얘긴데요, 우리 마을 터를 '말터'라 그래요. '말'은 뭐냐면 타고 다니는 말이 아니라 곡식을 담아 놓고 잴 수 있는 거, 곡식 담는 말. 그러니까 항시 아무리 흉년이 들어도 배는 곯지 않고 살 것이라 하더라고요. 왜 그러냐면 이 마을이 좌청룡 우백호라고 그러거던. 좌청룡은 자기 자손이나 앞길을 이야기하는 거고, 백호라는 것은 자기 몸을 보호할 수 있는 것이야. 그런데 우리 앞에 쭉 나가 있는 것을 보면 청룡줄이야. 청룡이 얼마나 실하게 나왔는지 요 앞산이 압록까지 뻗었거든요. 구례하고 곡성 땅하고 경계선에 있는 산이 3차에 걸쳐서 앞을 막고 있어. 얼마나 여기가 든든해. 그렇게 다 막아져 있기 때문에 그마만큼 안전하게 살아남았다는 생각이 들어요. 마을 터가 그렇게 돼 있기 때문에 주민들이 건강하고, 장수하고, 배고픈 시절도 별로 없이 살 수 있고 그렇대. 그렇게 큰 부자는 별로 없는디, 배는 절대 안 곯아.

도깨비가 불을 놓은 당산나무, 6·25전쟁 때 사라지다

허영 옛날 우리 어렸을 때부터 깨끗하지 못한 사람은 당산나무에 오지를 말라는 금줄을 그렇게 쳐서 당산제도 지내고 그랬었는디. 그 나무가 얼

▲ 300년 전통을 자랑하는 토종벌꿀, 뒤란에 줄지어 자리잡은 벌통들

마나 크던지 우리 같은 어른 열 명이 둘러서서 아름으로 보듬어야만이 될 수 있었어요. 그런데 6·25 때 손수 다 집을 불태워버렸어요. 자기집은 자기가 불태우고 여 밑에 마을, 압록으로 소개를 갔어요. 그때 엄청 오래된 당산나무가 속이 패여 있는디 거기다가 피난짐을 갖다 놨는기야. 자기들 살림살이를. 예를 들어 물레라든가, 베짜는 베틀, 여러 가지 농기구들을 동네 사람들이 다 거기다가 여 놨네, 엄청 크게. 그래가지고 짚으로 이양을 엮어서 덮어놓고 소개를 갔었는데 그 마저도 불을 내부려가지고 타버렸어요.

　　　김재택 정자나무 고것이 그렇게 커. 내 생각에도 한 7, 8백 년 된 것 같아. 그 나무에 도깨비가 불을 대가지고 가운데 구멍이 크게 뚫어져 있었어. 숨바꼭질하면 거기에다 일고여덟 명이 숨었당께. 그리고 가지 위에서 어르신들이 낮잠을 자더만. 그 뿌리도 엄청 길어서 지금 학교 있는 데까지가 뿌리여, 엄청 커.

　　　🏠소개 : 공습이나 화재 따위에 대비하여 한곳에 집중되어 있는 주민이나 시설물을 분산함

6·25 때 모든 서류, 장롱, 책상을 전체적으로 거기다 쟁겨놨는디 다 타버렸어. 인자. 그러면 옛날부터 내려오는 연혁이라든지 동네일 보시는 분들이 냄겨둔 책이라든지, 그란 거까정 다 타버려서 없응께 알 수가 없어. 백세 자신 노인들 말씀이 여기 태안사라고 절이 있거든. 태안사가 먼저 생겼냐? 우리 마을이 먼저 생겼냐? 태안사가 870년 정도 된 절이거든. 내가 생각하기로는 마을이 먼저 생기고 사람이 있으니까 절이 생긴 것 같거든. 어쨌든 800년 이상은 됐지 않았느냐, 이렇게 생각해. 6·25 직후에 뿌리를 다 캐서 거시기한테 팔았어. 뭣을 만드는 데 쓸 수 있는 재목이 되거든요. 6·25 직후에 파내고 팔고 새로 심고.

허영 6·25 직후 다시 다른 나무를 캐다가 심었는데 한 30년 동안 자라서 이렇게 한 아름 되게 컸었어요. 그것이 주민들의 부주의로 그랬는가, 물이 스며들지 못해서 그랬는가, 좀 뽀대 있게 할려고 가에 옹벽도 쌓고 그래 쌌는디 당산나무가 또 죽었어. 시방 우리가 알기로만도 지금 당산나무가 세 번째 심어놓은 거야. 저래 쪼끔한 나무인디 그래도 당산제는 열심히 마을에서 모시고 있어요, 지금도.

▲ 작은 나무라도 열심히 모시는 마을의 세 번째 당산나무

우리 마을이 개미마을이라고 소문났던 이유

김재택 나가 동네 책임 이장을 많이 했어요. 저 아래 입구에서 마을까지 올라오는 십리 길을 우리 주민들이 낸 겁니다. 곡괭이, 바지게 이런 걸로 남자들이 땅을 파면 부인들이 그걸 이고 길 따라 줄줄줄줄 가요. 그러면 그때 당시 외부에서 왔다갔다하는 사람들이 "상한간께 그곳은 개미동네더라." 이렇게 말했대요. 줄줄줄줄 가는 걸 보고 '개미'라 붙이드만. 한동안 개미동네라고 불렸어요. 긍께 내일 가서 괭이로 파자고 그러면 전체가 다 나와서 괭이로 파고 지게로 저 나르고 그랬어요. 동네 주민들의 단합, 그것이 단체로 딱 된다는 말이여. 긍께 우리는 6·25 때 피해도 안 봤어요. 전체 주민들이 한몸이 되었기 때문에 그랍요. 이승만이 "뭉치면 살고, 흐트러지면 죽는다." 그런 식으로 우리가 뭉쳤기 때문에 현실로 봐서는 덕을 많이 봤지요. 옛날에 서당이 제일 나중에 없어진 동네가 이 동네라. 그랑께 지금 예의로 보나 뭘로 보나. 많이는 못 배워도 예의 관계는 잘 알고 계신 분들이야. 현재 우리들도.

허영 내가 좀 더 얘기를 보태자면, 우선 우리는 새마을운동이 일기 전에 지붕을 개량했어요. 초가지붕을 뜯고 기와로 해야 되겠다, 생가을 헤서 섬진강변에서 모래로 기와를 만들었어요. 품앗이로 해서 십여 명이 기와를 짜고 초가지붕 뜯고 기와를 씌우는 걸 했고 주민들이 남녀 간에 나서 가지고 자기 있는 힘대로 운반을 해줬어요. 그래서 열 집이 지붕개량을 했어. 리어카나 경운기 하나 없을 때 우리 선친들이 그렇게 했어요.

그 다음에는 마을길이 위치도 사납고 좁아지고 겨우 하나 다닐 수 있었거든. 임신한 사람이나, 마을 어른들이나, 몸이 큰 사람들은 골목에도 양쪽으로 지나가딜 못했어. 하다못해 경운기라도 갈 수 있게 합시다, 해서 엄청나게 고생해 가면서 고것도 우리 주민들이 길을 냈고.

그 다음에 학교 지은 것도 말씀드리자면, 그것도 업자 선정을 해났는디 도로가 없으니까 못 오는 거야. 주민들이 고개까지 지어 나른다는 운반조건으로 공사를 시작했어. 주민들이 지어날러서 학교도 지은 거야. 여러 가지 일들이 점차적으로

▲ 남자들은 곡괭이로 파고
▲▲ 여자들은 머리에 이고 개미처럼 줄지어 고개를 올랐다

▲ 마을 사람들이 농번기에 천 번을 오르내리며 지은 학교

자꾸 군으로 또 중앙으로 보고되면서 새마을 사업이 있었을 때 80년대 8월에 전국에서 일 번으로 훈장을 받았어요. 요건 제가 대표로 가서 받기만 받았지, 마을 주민들이 그마만큼 노력을 했기 때문에 전국에서 일 번으로 받아가지고 온 거예요. 정말 주민들이 고생을 많이 했어요.

김재택 곡괭이로 동네 사람들이 4km 길을 내고 중간에 말랑재라고 고개 하나 있잖아요. 거기까지 길을 내놓고는 학교를 냈어요. 동네 사람들이 전부 해가지고 쌔맨, 모래, 또 뭣을 몇 달 동안 여자들은 이고, 남자들은 지고, 그래서 학교까지 지었어요. 얼마나 애를 썼는지 그것이 정부에서 알아가지고 대통령 표창까지 받았으니까.

김재우 학교 지을 때가 딱 모심을 때더만. 낮에는 모심어야 돼. 근디 골재를 갖다 놔야 고 일을 맡은 사람들은 학교를 짓거든. 그 인제 저녁밥 먹고 횃불 잡고 그리고 나르는 거야. 한 사람에 천 번씩은 댕겼어. 밑에서부터 학교까지. 머리가 벗겨지고 그래쌌거든. 그때 국민학생들도 벽돌 하나씩, 두 개씩 이고 오고 그랬어. 그렇게 지은 거야, 저게. 지금 폐교된 지 한 30년 됐지만.

모내기, 세배, 제설작업, 함께여서 더욱 좋다!

최규완 공동세배를 드린 지는 30년 된 것 같아요. 우리 마을에는 옛날부터 집집마다 가서 다 세배를 드리거든요. 새배를 드리면 꼭 떡국하고 한 상씩 차려서 음식을 줘요. 그러다 보니까 여자들이 고생인 거예요. "요렇게 하면 여자들은 정말 정월초하룻날 고생이니까 공동세배를 하자"고 제안을 한 거야. 처음에는 자기 성의껏 한 상씩 차려가지고 마을회관으로 가져왔어요. 그래 보니까 상이 너무나 많아서 음식이 또 남아요. "그럼 순번을 정해서 상을 차려오자" 했지요. 3, 4년 전부터는 2개조로 나눠가지고 금년에 1조가 했으면, 내년에는 2조가 요렇게 해요. 여기 회관이 넓은 것 같아도 객지에 사는 자식들 전부 와 버린께 좁아요. 그래서 밖에서도 세배하려고 많이 기다리고 있고.

강병조 우리 마을은 주민 전체가 함께 하는 일들이 꽤 있어요. 모내기도 공동으로 하고, 당산제도 함께 지내고, 눈이 오면 아랫마을까지 제설작업도 함께 해요.

마을 입구에서부터 고불고불한 산길을 4km 오르면 해발 350m 지점에 22가구가 사는 산골마을이 있다. 고산지대에 있는 마을의 공기는 너무 청량해 사이다 맛이 난다. 이 길은 40년 동안 주민들의 곡괭이와 지게로 직접 닦았다. 오르는 길이 험할수록 숙연해진다. 어느 골목을 걸어도 담장이 어깨 밑으로 내려와 자연스레 주민들과 인사를 나누게 된다. 인사를 건넸을 뿐인데, 인사와 함께 홍시, 땅콩이 함께 돌아온다.

감성나눔

하늘나리작은도서관

초등학교가 폐교되기 전에 근무했던 한 선생님이 다른 학교로 전근을 간 뒤 3천여 권 정도의 책을 보내 왔다. 도서관을 개관할 때, 고향을 떠나 거제도에 살고 있는 분이 백 권, 파출소장이 백 권을 더 기증했다. 마을과 인연이 있는 사람들의 마음이 모여 만든 작은도서관이다. 떠나서도 '책'을 보내 주고 싶은 마을은 애정이 넘친다.

농기구체험관

죽곡면 23개 마을 면장님들이 주민들에게 직접 마을 방송을 했다. "아! 아! 알립니다. 옛날 농기구들을 모읍니다. 오래 된 것일수록 좋으니께 무조건 가져 나와요." 그렇게 해서 모은 1,300여 개의 농기구를 볼 수 있다. 오래 되고 낡은 농기구를 통해 죽곡면 사람들의 생애를 엿볼 수 있다.

100년이 넘은 제주도식 화장실

6 · 25전쟁 때 마을 사람들은 자기 집에 자기가 불을 놓고 이웃 마을인 '압록'으로 피난을 떠났다. 다시 마을에 돌아왔을 땐 700년 넘은 당산나무도 재가 되어 버렸으나 단 하나, 이 화장실만 남아 있었다.

닦고 기름 치고 조이자, 공동정미소

1976년 특별지원사업으로 지은 공동정미소 건물이 그대로 남아 있다. 마을 주민 모두의 땀이 영근 곡식들이 탈탈탈 몸을 털었을 그곳, 지금은 창고로 쓰인다.

정보나눔

▌ 풍성한 산촌밥상과 아궁이에 불을 넣는 재래식 온돌방에서 하룻밤을 보낼 수 있다. 주민들이 운영하는 가정민박에서 홈스테이를 해보자. 홈페이지에서 바로 예약할 수 있다.

▌ 300년 역사를 자랑하는 재래식으로 추출한 토종벌꿀이 마을의 자랑이다. 고로쇠 수액, 대봉시와 단감, 친환경쌀, 자연산 버섯도 좋다.

▌ 계절별 다양한 체험프로그램과 일정별(당일, 1박2일, 2박 3일) 알찬 프로그램이 언제든 준비되어 있다.

문의

Ⓤ http://www.nari350.com

Ⓣ 061-363-8546

1 하늘과 가까운 마을. 입구에서 4km 거리의 골짜기 마을
2 커다란 당산나무가 불에 타서 세 번째 당산나무를 심어 제를 지내는 곳
3 6 · 25 때 유일하게 타버리지 않은 제주도식 화장실
4 1976년에 만들어진 마을의 옛 정미소
5 마을을 아끼는 사람들의 기증으로 만들어진 작은 도서관
6 죽곡면 26개 마을에서 가져온 1,300여 개의 농기구가 모여 있는 농기구 전시관

1

2

3

4

5

6

7

8

9

10

11

12

하늘아래첫동네

전라남도 곡성군 죽곡면 하한리
22가구의 온화한 첫 개야처럼 보시진한 삶의 이야기

북안길벼랑
하늘마을

① 하루 4대의 버스

마을엔 가게 하나 없지만 대신 어느 집이나 다름한 곳간이 가득하지요. 소수 한 산 생각나가나 손님이 올 때엔 구성으로 9시, 4시, 그레들 9시 반, 2시반 이렇게 하루 4대의 버스로 5일장이나 구레에 있는 시장에 갑니다. 이보다 삶이 되면 불편한 것이 아니랍니다.

일주부터 무려 4km나 들어가야 하는 마을 그 길을 마을 사람들 손으로 수개월걸음 해서 개간했다니 믿을 수 있으까요? 남자는 지고 아니나서 이고 40년 동안 길을 함께 만들어 들어오는 길을 세상으로 부터 들어오는 길을.

② 당산나무

마을에는 10명의 장정이 두 팔을 벌려야 담을 수 있는 큰 나무가 있었다고 합니다. 그 가운데에 커다란 구멍이 하나 있어있느니 도깨비가 불을 내고 간 것이라지요. 그 구멍에서 아이들 7~8명이 놀거나 나뭇가지에 올라가 낮잠을 자기도 했어요. 6.25 때나 구멍에 마을 짐을 숨겼는데 그만 불이 나서 마을 온갖 문서들이 커다란 나무와 함께 사라져 버리고 말았습니다. 다행히 세 번째로 심은 당산나무는 지금까지도 단산나무 아래에서 지금까지도 제를 지내고 있다고 합니다.

③ 예 양구초등학교

낮에는 뵈올리고 저녁에는 햇볕으로 말린 흙벽돌과 마을 사람들 힘으로 한 벽씩 직접 시멘트와 모래를 묻어 맞대어 차곡차곡 만들었지요. 전게리라고 불리는 이곳에서 동네 아이들도 배구를 하거나, 봄 가을 운사가 열리곤해요. 옛날에 60~70명의 아이들로 북적였지요. 지금은 폐교가 되어 교수님의 연구소로 사용됩니다.

④ 나무를 베어 있는 곳

옛 양구의 느티싶을 파거나 손을 댈때 신사태가 나고 마을에 홍치지 않는다고 하여 사람들은 오랫삼 있고 나무를 베지 않는다고 합니다.

⑤ 북쪽의 기

북쪽으로 나있는 긴 때문일까요? 겨울이 되면 마을에는 눈이 빨리 녹지 않아 늦게 빠뜨길이 되곤 합니다.

⑥ 특별한 창지사

그냥 빛깔이 아닙니다. 이레로도 6.25 때 유욕하게 타버리지 않은 건물이랍니다. 재주도시스로 만들어져 옹보보는 곳에서 돼지 사육을 하기도 했지요.

때문에 눈 내리는 냄엔 모두들 머리 아래쪽 마을까지 빗자루 청을 하느라 냇가에 빠질 겨울이 없답니다.

⑦ 한봉과 가정이밭

하느니리 마을
가정싶에서 만벼온 만봉을 합니다. 아침이 볼 미뜻한 방에서 하룻밤을 보내 수 있어요. 1대에 한 번 주석투러 일주의 동안 내리는 놀이 한분 볼이 마리오지 못하는 차가운 날씨에 연다는 그 깨은 꿈맛을 볼을 수도 있습니다. 언제나는 그 깨은 꿈맛을 볼을 수도 있습니다.

⑧ 피가되고 싸이디다 정미소

1976년에 만들어진 이 정미소에서 수늘은 볘 보리가 마듬어져 나가지요. 지금도 참고로 사용해요.

⑨ 도서간

2006년에 만들어진 마을 도서관에는 뜻있는 사람들의 자발적인 기증으로 천여 권의 책들이 모여 있습니다.

⑩ 체험학습장

하늘나리 꽃에서나 나온 땅님으로 그릇이 없는 향구하는 앙소 큰 머들을 보고 별걸 이파트 볼아 체험도 해볼 수 있어요.

⑪ 동기구 전시간

죽으면 26채 마을 주민들의 집이 곳곳에서 찾아낸 13000개의 농기구. 기억에 한 살의 삶이 곳에 있는 곳입니다.

⑫ 수중보

여름날 물들이 공간으로 졸은 수중보보는 인도으로 와야 었다뜨밀을 처치할 수 있어요. 행벼이 들지 않아 여름 내내 서늘하답니다.

⑬ 고로쇠수액 채취할 수 있는 고로쇠 밭

봄철에 만나 볼 수 있는 고로쇠 수액 몸에의 달거지는하고 참이 온안하지요.

⑭ 토주당의 겨울짓

봄 가을에 매일 도마에 있는 토주당들은 일부 답보빛 작고 난정하지만사방서 죽제로 나귀리 냄이 될 운명에 처하기도 합니다. 먹을 게 없는 겨울에 양짜장에서 오순도순 모여있답니다.

충북 제천
청풍호곰바위마을
가족보다 가까운 여덟 가구가 모여 사는 마을

추운 겨울 청풍호곰바위마을에 밤이 찾아오면
수몰되어 가라앉은 추억과 헤아릴 수 없는 별빛들이 모여 앉아
어제와 내일을 보듬고 서로서로 단단하게 매듭지으며 깊은 잠에 빠진다.

수몰되지 않고 유일하게 남은 마을

우리 마을은 충청북도 제천 금성면 성내리에 위치하고 있다. 금성면 16개 부락 중 제일 남쪽 끝이 성내리다. 성내리는 수몰되기 전에는 약 200호 정도가 살던 큰 동네였다. 1반부터 10반까지 있었는데 우리 곰바위마을이 1 반이었다. 청풍면 북진리에는 나루터가 있었다. 서울에서 소금배가 올라와서 곡식이랑 바꿔가던 때도 있었다. 말이 와서 쉬어가던 '역터'도 있었다. 1984년 충주댐이 건설되면서 1반인 우리 마을만 남고 전체가 다 수몰이 됐다. 거의 다 뿔뿔이 흩어지고 그 중에서 일부는 새롭게 마을을 조성하기도 했지만 지금은 전체 합해도 30호 정도이다. 그마저도 경관이 뛰어나고 기암 절벽이 멋진 성내리를 관광지로 만들기 위해 콘도와 음식점이 들어서면서 예전과는 많이 달라졌다. 수몰 전의 모습을 고스란히 간직하고 있는 마을은 우리 마을뿐이다.

곰바위마을에서 '곰바위' 찾기?

옛날 우리 마을 뒷산에 곰 형상을 한 바위가 있었다. 기암이 길게 꿇어 앉은 자세를 보니 곰의 모습이 분명하여 마을 이름을 '곰바위'로 지었다. 오랜 세월이 흘러 지금은 곰바위가 없어졌다. 곰처럼 생긴 바위가 사라졌을 리는 없고 어딘가에 묻혔을 것으로 추측된다.

마늘이 가장 맛있는 마을, 고추꽃이 피는 마을

우리 마을은 아직도 소가 밭고랑을 만들고 농기계는 많이 안 쓴다. 질어서 물기가 잘 빠지지 않는 진흙땅에 마늘 농사를 짓는다. 맵지 않고 달콤한 우리 마을의 마늘은 제천시의 자랑이다. 또 꽃보다 더 예쁜 새빨간 고추는 우리 마을의 자랑이다.

시시때때로 유행가가 울려 퍼지는 마을

마을에 여덟 가구뿐이니 가족보다도 가깝게 지낸다. 마을공동체가 살아 있으며 품앗이를 나눈다. 눈이 오거나, 고추 농사를 짓거나, 마을에 여럿이 힘을 모을 일이 생기면 반장님은 늘 음악을 튼다. 경쾌한 유행가가 마을에 울려 퍼지면 모이라는 신호! 동네 어른부터(83세) 막내까지(53세) 모두 모여 일손을 나눈다. 가구 수는 적지만 길 닦기, 물탱크 설치 등 크고 작은 일은 모두 마을 사람들의 힘으로 이뤄낸다.

◀ 마을을 지켜주는 봉황 모양의 바위, 봉명암

나막신 신고 신발 하나는 봉지에 넣고 다녔어_김복희(65세)

수몰되기 전엔 신작로에서 2km 떨어진 산골마을이야. 그 길도 평지가 아니고 가파른 흙길이에요. 땅이 질어가지고 누비 오고 그러면 배으로 냉길 엄두가 안 났어. 시장에 가잖아. 시장 가서 신을 신발을 하나 봉지에 넣어서 가져간다고. 여기서는 나막신 같은 거 신고서 저 아래 내려가서 봉지에서 신발 꺼내 신고 시내버스 타고 가고 그랬다우. 말도 못해. 애들이 학교를 다녀도 한 달에 한 켤레씩 신발이 들어가요. 그렇게 길이 험했어요.

농사를 지어도 교통수단이 없으니까 그 험한 길을 등짐으로 지어 나르고, 조금 발전되고는 소에 싣고 오고, 그 다음에 경운기가 다니고, 길 닦고 나서는 차가 들어오지. 길 닦을 때도 우리가 다 곡괭이로 찍고 그랬어. 정부에서는 흙만 주더라고. 그걸로 우리가 닦았어. 대학생들이 농활 와서 같이 했다고. 물 섞어서 쌔맨공구리를 하는데 자갈하고 모래하고 쌔맨 비율을 어떻게 하는지 잘 모르는 거야. 너무 묽게 해가지고 쌔맨물 다 떠내려가고. 하하. 우리네가 밥도 해다 날랐잖아. 밥 짊어지고 씨레기장국 끓여서 머리에 이고 가다가 엎

▲ 나막신 신고 오르내리던 가파른 흙길을 주민들의 힘으로 닦았다

어져서. 참말. 그것도 새댁 시절이여.

사공이 노를 젓는 나룻배를 타고 다닌 학교 _ 김남용(58세, 귀농)

귀농이라고 볼 순 없고 나도 여기가 고향이에요. 부모님 다 돌아가시고 빈집으로 있는 걸 내가 와서 철거하고 다시 지었어요. 집사람하고 둘이 살아요. 서울에서 월급쟁이 하다가 그거 끝나니까 굳이 서울에 있을 필요도 없고, 고향이 좋잖아요? 앞으로 살면서 어떻게 느낄지는 모르지만 아직 불편한 거 모르겠어요. 고향분들이 너무 잘해줘서.

중학교까지 여기서 다녔어요. 수몰되기 전에는 강 건너에 청풍중학교라고 있었어요. 그 학교를 졸업했어요. 학교를 가려면 산 하나를 넘고 나룻배를 타고 강을 건너야 했어요. 지금 생각하면 굉장히 위험한 거예요. 삿대

▼ 부모님이 살던 터에 다시 집을 짓고 살고 있는 김남용 씨

▲ 겨우내 담장에 세워둔 옥수수대는 새봄 소의 먹이가 된다

로 사공이 노를 젓는 나룻배를 타고 다녔으니까. 비가 많이 와서 물이 늘면 배가 막 떠내려간다고. 학교에 갔는데 오후에 소나기가 많이 내려서 물이 늘면 그날은 집에 못 와. 선생님이 강 건너 친구네 집으로 짝을 지어서 보낸다고. 그럼 거기서 자는 거야. 나뿐이 아니라 강 이짝 사람들은 다 그랬어. 총 학생 인원 중에 삼분의 일은 다 그랬어. 근데 신기하게도 안전장치 하나도 없이 위험한 나룻배였는데 내 기억으로는 사고 한 번 없었어요.

우리 마을, 제사 있던 날

우리 마을은 어느 집에 제사가 있으면 마을 사람이 모여 음복을 나눈다. 2009년 12월 13일 장영재 씨 아버님 제사가 있었다. 제사 후에 모인 우리 마을 사람들의 이야기다.

깊은 모정이 낳은 깊은 효심

장영재 아버지가 돌아가신 지 벌써 50년이야.

김남용 저 친구가 초등학교 3학년 때 아버지가 돌아가셨어. 나랑 동창인데. 지금으로 말하면 소년가장이 된 거지. 고생을 많이 했어. 학교는 절반뿐이 못 나갔을 거여. 하루 가고 그 다음날엔 못 가고. 나무하고 일해야 하니까. 근데 졸업할 땐 일등으로 졸업했어. 우리 동네는 머리 좋은 사람이 많아.

장용재 요즘은 돌아가시면 양복을 입고 상주라는 표시만 하고 장례를 지내잖아. 우리 경로회장님은 3년간 상복을 벗지 않으셨어. 어머니 빈소를

차려놓고 하루도 안 빼놓고 3년을 다닌 거야. KBS에서 와서 촬영까지 했다고. 그분이 인제 한문도 많이 아시고, 우리 마을 책자도 만드시고.

최용환 그 어머니도 대단한 분이시라고. 20대 초반에 애 둘 낳고 혼자가 돼서 수절을 하신 거여. 왜정 때 광산엘 나가셨더라고. 그래도 새색시쩍이니까 일부러 얼굴에 검정칠을 하고 거기서 일을 했다잖

◀ 장용재 씨네 제사상, 생선 빼고는 모두 직접 키운 음식들

102

아. 일본놈들이 여자라고 놀릴까 봐. 혼자 그렇게 키운 거여.

장용재 이 동생네(김남용 씨) 어머니도 공부 가르치려고 애를 엄청 쓴 거야. 모정이 깊었다고. 어머니가 지병으로 돌아가셨는데, 돌아가실 때까지도 이 동생 이름을 불렀어. 시방까지도 어머니 말이 귀에 쟁쟁하고 어머니 생각이 간절해서 고향 와서 고인 잘 모시고 사는 거 보면 보기가 좋다고.

우리 마을의 힘은 단합!

장용재 우리 마을 입구부터 우리 집까지가 딱 1km란 말이여. 눈이 오면 나가서 전부 100m씩 치우는 거여. 다 같이 치우는 거여. 일부 아주머니들은 국수 끓여서 내오고.

김남용 일고여덟 집밖에 안 살잖아? 눈 치우러 나오라고 소리만 질러도 다 들려. 이 동네는 좁아서. 그런데 반장님이 방송을 얼마나 요란하게 하는지. 유행가 음악을 신나게 한참 틀어. 눈만 오면 온 동네가 난리가 나. 재밌게 지내.

장영재 아이고 눈 얘기 하니까 벌써 허리부터 아프네. 허허.

정운구 단합이 잘돼요. 하다못해 누가 고추를 심는다고 하면 무조건 다 나와서 심어줘. 서로 품앗이한다고 그러지. 우선 노인들을 먼저 생각해서 해드리고 몸 아픈 분들 찾아서 해드리는 방식으로. 다른 동네 농사도 지어주러 가고 그래요.

장용재 우리가 공동자금을 모은다고. 다 꼬부랑꼬부랑하지만 다른 동네에서 고추를 심어달라고 하면 내가 경운기를 끌고 선동을 해서 심어주러 가는 거야. 우리 동네사람들이 일을 잘하거든. 심어주면 그 주인이 그냥 있을 거 아니잖아. 대금을 주는 거지. 그걸 공동자금으로 모으는 거야. 1년에 몇 번씩 모여서 소주도 한잔 해야 하고, 연말에 어른들 고기도 대접하고 싶고 그러니까. 전체 모여서 돈을 버는 거야. 개인이 내기는 힘들잖아. 못 내는 사람도 있고. 우린 공동자금 모아서 회식도 하고 놀러도 가.

김남용 난 힘들어 죽겠어. 농사일도 못 하는데 따라다니느라고. 껄껄.

도시는 줄 게 많겠지만, 농촌은 마음뿐이야

장용재 우리 제수씨가 서울 분인데 산골로 시집을 온 거야. 사실 이 동네로 처음 시집을 왔는데 불평이 많은 거야. 제수씨, 좀 살다 보면 더 좋은 게 있어, 내가 다독였지. 마음적으로 조금만 참으라고. 조카들이 성장하고 이제는 나보고 고맙다고 그래. 서울 색시가 시집을 와서 잘 살아.

김개순 76년에 결혼해서 왔는데 전기도 안 들어오는 거예요. 78년도

▼ 고기 두 근이면 모두 배불리 나눠먹을 수 있는 마을

▶ 20년 된 경운기, 공동자금 모으기 위해 고추농사를 지으러 갈 때면 다섯 명까지도 거뜬하다

에 전기가 들어오니까 외삼촌께서 낮에도 불을 환하게 켜노래. 서울에서 와서 얼마나 답답하냐고. 전화는 또 2년 더 있다가 들어왔어요. 아주 산골이지.

김복희 전화만 오면 바꿔주느라 쫓아다니고. 동네에 텔레비전은 아홉 대를 한꺼번에 지고 왔어. 처음에 전깃불을 딱 켜니까 골이 아프더라고. 너무 환해서. 맨날 호롱불만 쳐다봤으니까.

김남용 서울에서 직장생활하다 시집왔는데 일하는 게 얼마나 힘들겠어. 문전옥답도 아니고 산에 띄엄띄엄 있는 밭때기에 농사를 지었는데. 근데도 우리 제수씨는 밤이 오는 게 싫었대. 일하고 싶어서. 이해가 안 가더라고.

김복희 살림 맛을 안 거지. 여지껏도 그래요. 어느 집안이든 이런 성격만 갖고 있으면 농촌에서 살 수 있어.

장용재 내년에도 우리 마을에 들어와 집을 짓겠다는 사람이 있어요. 조금씩 늘면 좋은 거지. 우리가 단둘이 있는 것보다 좋잖아? 한둘은 정이 없는 거야. 싸우든 볶든 간에 여러 형제가 제일이여. 우린 몇 안 되기 때문에 식구보다 더 가차워. 우리도 자꾸 식구가 늘면 살기 좋아지는 거지. 도시는 줄게 많겠지만 농촌은 마음뿐이야. 그거 나누고 사는 거야.

마을의 어르신들에게 고기도 대접하고 관광도 보내드리기 위해서 마을의 젊은이들이 경운기를 타고 이웃 마을로 고추심기를 하러 간다. 마을의 젊은이라 하면 60 대부터 70대 초반이다. 고추를 심어주고 받은 인건비로 마을 전체 회식도 하고 관광도 떠난다고 한다. 여덟 가구가 전부인 마을, 가족보다도 더 아끼며 함께 살아가는 마을. 내 발길을 흔적 없이 고요히 묻어 보고 싶을 때 발걸음을 옮겨 보자.

감성나눔

100년이 넘은 집

"도시에서 들어와서 80년 넘게 살다 보니 이제는 도시로 나가지 못해. 아이구, 보면 구신 나올까 겁나." 할머니는 그렇게 말하면서도 이 집을 떠나서는 못 산다고 하신다. 할아버지가 돌아가신 지 3년이 되었지만, 할아버지가 생전에 해놓으신 장작은 집 곳곳에 쌓여 있다. 할머니는 추운 겨울이 찾아오면 그 장작으로 불을 지펴 물을 데운다. 화장실도 100년의 역사를 고스란히 간직하고 있다.

별이 쏟아지는 길

35년 반장님 장용재 씨 집에서 100마리의 개를 키우는 장영재 씨 집으로 가는 언덕길을 밤에 걸어 보자. 반짝이는 별 반, 검은 하늘 반인 황홀한 밤하늘을 감상할 수 있다. 잠시 선 자리에서 우수수 떨어지는 별똥별을 보며 소원을 빌어 보자.

200년 된 느티나무

마을엔 무려 200년이 넘은 느티나무가 있다. 과거엔 어린 아이들의 놀이터가 되어주던 느티나무는 마을의 작은 서낭당이 되었다. 모든 마을이 수몰되었으니 성내리를 통틀어 가장 오래된 나무라고 할 수 있을 것이다.

나룻배 타고 학교 가던 길

수몰되기 전 마을의 아이들은 사공이 노를 젓는 나룻배를 타고 강 건너 마을로 학교를 다녔다. 비가 많이 오면 강물이 불어 선생님이 짝 지워 주는 친구네서 하룻밤을 자고 돌아와야 했다. 그때 아이들이 오고 갔던 학교길을 걸어 보자.

정보나눔

▌ 마을엔 식당도 숙소도 마을회관도 가게도 없다. 대신 마을엔 어느 집에 들어가도 땀으로 키워낸 농산물과 밥 한 끼를 함께 하자 청하는 후덕한 인심이 남아 있다. 관광객을 위한 그 어떤 정보도 제공할 수 없는 마을, 그러나 불편한 만큼 여행의 맛이 극대화되는 마을임에 분명하다.

문의

☏ 김남용 이장님 011-793-9232

1 성내리에서 유일하게 수몰되지 않은 곰바위마을
2 마을 주위의 봉황을 닮은 거대 바위, 때 묻지 않은 자연
3 깨끗한 물을 받아 제를 지내는 서낭당
4 도시에서 들어와 80년, 이제는 도시로 나가지 못하는 할머니
5 모두 가족보다 가까운 이웃사촌, 개와 소도 그들처럼
6 물을 따뜻하게 덥힐 때만 불을 지피는 재래식 아궁이

1

2

3

4

5

6

7

8

9

10

11

12

정든 농촌마을 이야기

충청북도 제천시 덕산면 선고리
가구구 오손도순 가족처럼 모여사는 이야기

① ② ③ ④ ⑤ ⑥ ⑦ ⑧ ⑨ ⑩ ⑪ ⑫ ⑬ ⑭ ⑮ ⑯ ⑰ ⑱

82

마을회관

선고보건소

걸어서 둘러보는 대덕골 이야기

⑨ → ⑤ → ③ → ⑭ → ⑫ → ⑪ → ⑩ → ⑨

---

⑭ 제일 아래 느티나무 이야기

우리 200년이나 된 느티나무!
옛날엔 기나무에 그네를 매고 놀았지요.
나무 앞 평상으로도 쓰기도 짓는
학방이기도 했습니다.
이젠 작은 새암으로 당제를 지내는
마을 사람들의 드든한 안식처지요.

⑬ 고바위 마을에서 학교 가는 길

곰바위마을은 산비탈에서 유명하게
수목되지 않은 마을이라고 합니다.
수목기 전 마을 학생들으 나뭇배로
매일 2~3을 건너서 학교에 갔지요.
아재가 비가 역수기의 쏟아지는 날에는
집에 돌아오지 못하고 선생님이 정해준
친구의 집에서 잠을 청하곤 했답니다.

⑫ 마을 새암

맑은 생물이 퐁퐁 솟으나
옛 곰바위 사람들의 무을
시원히 축여주던 곳입니다.

⑪ 옛 빨래터

옛날 빨래터인 이곳에서
동네 아주머니들은 오손도순
사는 이야기를 올려보냈지요.

⑩ 지치지치하기

옛날에 세막 하나가
동네로 내려가다가
향토 진흥기을 내려가다가
그만 머리에 이고 있던 소금 다라미를
우수수 쏟아버리고 말았답니다.
쏟아지던 소금더름이
이곳의 밤하늘에는
별이 가득하기도 하지요.

---

① 곰바위는 어디에

곰모양의 바위가 옛날에
마을 어딘가에 있었느니
전체지 배에 의해서
사라져 버리고 말았습니다.

② 마을의 시나니당

이곳은 마을의 새당입니다.
깨끗한 물을 받아 제사를 지내면서
마을의 안녕을 빌고 있지요.

③ 기나무오씨 댁⁽⁵⁸⁾

어린시절 마을을 떠났다가 다시
돌아온 김나무씨 댁입니다.
돌아가신 부모님이 사셨던 집터 위에
다시 집을 지었지요. 지금은 동네
다시 집을 지었지요. 지금은 동네
어르신들을 드든하게 도와드리는
마을의 젊은(?)이 입니다.

④ 장오구씨 댁⁽⁵³⁾

마을의 목수이며 나이가 가장 어립니다.

⑤ 김로회장 정초임씨 댁⁽⁸³⁾

모전이 돌아가시고 3년 동안
제사를 매일 지내셨답니다.
손재주가 좋은 어머니를 모시다
한문에도 조예가 깊은 효자였지요.

⑥ 토조바지바기

이곳은 토조소부길이
있는 집입니다.
옛날에는 마을의
디방바이가 있던
장소이기도 합니다.

⑦ 최용호씨 댁⁽¹⁵⁾

⑧ 숭어오씨 댁⁽¹³⁾

⑨ 자오재씨 댁⁽¹⁰⁾

35년 제 곰바위 마을의 바지기님이십니다.
눈이 올 때 유행기와 함께 안 뱅송을 하면
온 동네 개들이 난리가 나지요.

⑩ 마을에서 가장 오래된 집

100년이 넘은 집에 사시는 함배기는
겨울 추위 걱정이 없으세요.
하늘나라 가기 전 함이버지가
3칸이나 배고도 남을 장작을 패두고
가셨기 때문이고요. 그래서 함배니의
겨로울을 겨울 항상 따뜻한 함이버지의
온기가 있습니다.

⑪ 장영재씨 댁⁽⁶⁰⁾

100마리가 넘는 개를 기우고 있지요.

⑫ 마을을 지켜주는 뭉태기

2008년도 8일 단수가 되었을때
마을에는 소방자가 여덟 왔습니다.
그 이후로 뭉태기가 들어서게 되면서
마을 식수 걱정은 이제 그만하게 되답니다.

⑬ 마을 지켜주는 뭉태기

학생들도 나루터까지 가는 길에
매일 고불고불한 언덕 기을 뛰어다녔어요.
그래서인지는 몰라도 마을에는 유독
옥상을 잘하는 애들이 많았다고 합니다.

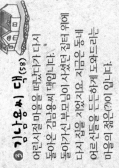

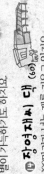

충남 청양
가파마을

0세부터 100세까지 사는 아름다운 언덕 마을

마을과 마을을 구분하는 경계가 아닌 마을과 마을의 통로 역할을 하는 돌탑,
가파마을로 들어서기 전에 제일 먼저 발견할 수 있다.
마을 주민들이 주변 돌을 직접 모아서 네 번의 실패 뒤에 만들어냈다.

아름다운 언덕에 펼쳐진 충남 가장 오지 마을

우리 마을은 한가닥 산길의 계곡을 따라 3km쯤 들어오면 산골 속에 펼쳐진 분지에 자리하고 있다. 호리병 모양의 분지는 사방이 산으로 둘러싸여 있어 예로부터 '아름다운 언덕 마을'이라는 뜻의 '가파(佳坡)'라 불렸다. 임신왜란 때 왜병의 침입을 막기 위해 마을 입구에 '갑파(甲坡)'라고 마을 표시판을 세워 두었다. 마을 앞을 지나던 왜군들이 산세도 험하고 갑옷 입은 장수들이 많겠다는 불길한 징조로 읽고 돌아갔다는 이야기가 구전으로 전해진다. 그후부터 우리 마을은 피난처가 되었다. 조선시대에는 우리 마을이 살기 좋은 마을의 으뜸으로 꼽혔다.

400년째 마을의 평안을 지켜주는 산신

우리 마을의 북쪽 산 중턱에는 400년이 넘은 산신당이 있다. 매년 음력으로 정월 십오일 자시에 산제를 지낸다. 경운기도 올라가기 힘들 정도로 가파른 곳에 위치한 제당 때문에 산제에 필요한 모든 것을 지게로 지어다 나르며 정성을 다했다. 제관은 7일간 목욕을 하고 3일 동안 기도를 올렸고 마을 사람들 모두 참여해 평안과 풍년을 빌었다. 소를 통째로 잡아 제물로 바쳤기 때문에 옛날엔 일 년 중 유일하게 소고기를 나누어 먹으며 잔치를 벌이는 날이기도 했다. 산제에 관한 신비로운 이야기도 전해지고 있다. 옛날 어느 해에 제물로 바치는 소를 잡는 백정이 소고기가 탐이 나서 고기의 좋은 부위를 잘라서 소똥 속에 감춰 놓았다가 숨을 못 쉬고 죽을 뻔했다. 제관이 살려달라는 산제를 올려 목숨을 건졌다는 이야기이다. 지금도 마을에서는 산제를 지낸다.

우리 힘으로 쌓아올린 다섯 번째 돌탑

우리 마을은 석문 안에 있는 마을이었다. 그곳에 돌탑을 쌓자고 주민들이 의견을 모아 주민들이 직접 쌓은 돌탑이 있다. 반별로 나와서 한 반은 돌을 주워오고 한 반은 쌓고, 오로지 주민의 힘으로 쌓아올린 탑이다. 겨울 농한기에 탑을 쌓았는데 봄이 되어 얼었던 땅이 녹으며 탑이 와르르르 무너져 내렸다. 또 쌓고 또 무너지고, 네 번 무너진 뒤에 다섯 번째에 성공한 탑이다.

청양군 '샘'의 발원지이며 '산신물'이 있는 마을

예로부터 우리 마을은 청양의 젖줄인 금강의 발원지였다. 땅속에서 물이 솟는 샘이 많았는데 지금은 두 군데의 샘이 남아 있다. 예전엔 이 샘물이 마을의 식수였다. 한 겨울에는 13도 정도의 온도를 유지해 김이 모락모락 피어올랐고 한 여름에는 너무 차가워서 등목을 못 했다. 냉장고가 없던 시절에는 김치를 담아서 샘물 위에 띄워놓았다. 지금도 물이 땅속에서부터 솟아오르는 기포현상을 볼 수 있으며 한 겨울에는 미지근한 샘물의 온도 덕분에 그 주변에만 초록의 이끼가 살아 있다.

◀ 겨울에도 따스함을 간직한 샘 옆에는 푸르름이 자라고 있다

400년 넘게 산신이 지켜준 살기 좋은 마을_이순희(79세, 서예가)

쌀밥도 먹고 나무도 때던, 살기 좋은 마을_옛날부터 여기는 산골이라도 논이 이렇게 있어서 쌀밥 먹고 나무를 땠다고. 어디든지 산이 많은 데는 들이 없어서 잘 먹어야 조밥을 먹어. 근데 여기는 그렇지 않아. 산골이라도 쌀을 먹었어. 쌀이 많이 나오는 평야지대는 나무가 없잖아. 근데 여기는 사방이 산이니까 땔감도 많았어. 지금은 나무를 안 때지만 나무도 풍족하고 먹을 쌀도 풍족하고, 그래서 그렇게 살기 좋은 동네라고 그랬어.

내가 69년도에 이장을 봤는데 그때 120가구가 넘게 살았어요. 그때 첨으로 버스가 들어왔어. 비포장도로라 덜컹덩 컹 했지만 그래도 축제 분위기 였지. 그 전에는 운송수단이라는 게 사람 등허리밖에 없었기 때문에 전부 지게질했지. 새벽에 닭 울면 나무 짊어지고 시장에 갔다 팔고 생활필수품 사오고. 버스 들어오고 나서는 장날이면 아주 으찌게 들어설 수도 없었어. 사람이 겁나게 많아서. 그땐 요 분교에 학생이 100명이

▲ 농부를 평생의 업으로 서예를 평생의 벗으로 삼고 있는 이순희 어르신

넘었으니께. 지금은 폐교가 됐번졌구만. 살기가 좋으니까 많이 들어왔어. 아 농사만 부지런히 지면 쌀밥은 먹을 수 있지, 등걸도 갔다가 마음대로 불 땔 수 있지, 얼마나 살기 좋어.

400년을 이어온 마을의 가장 큰 잔치, 산신제_제당 상록문에 숭정기년후 병오년(崇禎紀年後丙午年)이라고 써 있는데 '숭정'이 중국 명나라 연호거든. 그 후로 청나라가 빼서뻤는디 그 청나라 연호를 쓰기 싫어서 '숭정기년후' 라고 '후'자를 넣은 거야. 더구나 그것이 '건축'이 아니라 '준수'로 되어 있다 고. 그때 지었다는 게 아니라 건물을 다시 수리했다는 얘기거든. 내가 따질 땐 근 400년 됐을 거야.

옛날엔 꼭 황소를 한 마리 잡아서 쓰는디 일정 때 일본놈들이 산제당에서 소를 못 잡게 억압을 했어. 그 전

등걸 : 줄기를 잘라 낸 나무의 밑동이라는 뜻으로 '땔감'을 일컬 어 사용한 듯하다

116

에는 산제당 마당에서 소를 잡아가지고 썼거든. 근데 그때는 도살장에서 몰래 잡아다 썼어. 일본놈들 때문에 무서워도 산신제는 지냈어. 일화라고 해야하나? 그런 게 있어요. 백정이 소를 잡다가 어떤 부위를 뚝 떼서 똥에다 감추고서 그렇게 고기를 가져갔대요. 근데 금방 백정이 거기서 나자빠졌디야. 배정이 개개빌고 나서 산제사를 자기가 독단으로 지냈다는 이야기도 있어요.

옛날에는 그렇게 영감하게 생각하고선 산제사를 지냈다고. 생기복덕(生氣福德)을 따져가지고 삼소임(三所任)을 줬지. 화주(化主) 있고, 제관(祭官) 있고, 축관(祝官) 있고. 7일 기도를 하는데 참 지성이었지. 소임이 가면 근신하느라 피나면 안 되니께 나무도 못 허고 이웃 마을도 안 댕겼어요. 부정이라는 것을 하나도 없이 해야 되기 때문에 젊은 아줌마한테는 소임도 안 주고 그랬어요. 모두 참 그렇게 정성을 들여서 한결같이 산신만 모시고 살았어.

▶ 마을의 버스정거장
앞에 서 있는 장승

동네 사람들이 똘똘 뭉쳐서 거기에 의지하고 우리 마을의 가장 큰 행사로 생각했어. 소 잡으면 동네 경사였지. 그날만은 소고기 못 먹어보는 사람 없었으니까. 그때가 참 좋았어. 지금은 기독교도 들어오고 저렇게 불교도 들어오고 장승도 세워두고. 요즘엔 산신제도 간소화해서 소머리 하나 사다 놓고 3일 기도를 해요. 이렇게 하니 내 생각인데 아쉽구만.

고향 돌아온 지 3년 만에 이장 돼서 열심히 일했어요_임광빈(52세, 귀농 10년차)

고향과 어머니에 대한 의미를 새롭게 해준 귀향_여기 마을에서 10살 때 대전으로 유학을 갔다가 거기서 살았지. 다시 마을로 돌아온 건 10년쯤 됐어요. 몸이 안 좋아서 쉬러 들어왔는데 그냥 눌러앉은 거야. 그 동안에는 일 년에 몇 번씩 왔다 갔다 했지만 고향이라는 의미가 크게 없었어. 매력도 못 느

▲ 어머니가 생을 마감한 그곳에서 더 나은 생을 시작하려는 아들

껬고. 근데 와서 보니까 새로운 마음이 생기더라고. 아버지 농사짓던 땅도 있고 어머니 살고 계신 집도 있으니까 눌러앉았지. 대전에 있는 식구들은 반대를 했는데 내 맘대로 들어왔어.

▲ 누군가의 손길을 기다리는 마을 중앙에 있는 오래된 정미소

근데 남들은 내가 고향에 들어와서 어머니를 모시고 사는 걸로 봤지만 내가 생각할 때는 내가 얹혀사는 거였어. 어머니하고 열 살 먹어서 헤어져가지고 사십 조금 넘어서 다시 같이 사는 거 아니여. 그것도 묘한 저기가 있대. 항상 어머니는 내 옆에 있는 분이니까 늘상 그렇게 생각했었는데 막 인제 늙으셔가지고 어려서 생각하던 엄마가 아니잖아. 그동안에 부모님에 대한 특별한 그런 것이 없었는데 특별한 생각도 들고. 종가일, 집안일에 대한 눈도 트이고. 안 다니던 시제도 다니게 되고. 농촌문화, 전통문화 이런 것에 대해서도 생각하게 되고, 생각하다 보니까 관심을 갖게 되고, 관심 갖다 보니까 그런 모임이나 단체에 들어가게 되고, 사회 활동도 하게 됐어요. 뭐 짧은 시간에 엄청난 변화가 있더라고. 들어온 지 3년 만에 이장이 됐으니까.

0세부터 100세까지 사는 마을 만들기_이장하면서부터 마을일 열심히 했어요. 농촌체험마을, 전통테마마을 사업도 지원받고 한옥체험관도 지었어요. 보름 때 달집태우기 체험도 내가 처음 시작했던 거고. 외지 사람들이 많이 찾아오는 마을을 만들기 위해 노력했지. 한 번은 저녁 8시 넘어서 전화가 왔어요. "가파마을 가려고 청양 도착했는데 어떻게 가야 되느냐?" 묻는 거여. 보니까 막차시간도 넘었는데 여자 혼자 온 거야. 터미널까지 가서 데려와서 우리 어머니하고 재웠지. 별 사람 다 있었어. 대학원생들 리포트 때문에 오면 자료 다 찾아주고 인터뷰 해주고. 결국 그분들이 전부 다 우리 마을을 도와주게 된 거지. 지금은 일 년에 5~6천 명이 왔다 가요. 관광버스 매일 들락거리고, 진짜 우리 마을에 생기가 생겼다고 그럴까? 이제는 한 단계 마을을 더 업그레이드 하려고 계획하고 있지요. 칠갑산 둘레길을 등산로로 만들고, 산촌유학학교도 만들고.

도시 사람들은 시골의 기능이나 자원에 대해 전혀 생각 못 하고 살았

▼ 마을 중앙에 자리하는 대마지기 터를 지키는 300년 된 노송

▶ 집터가 사라지고 난 곳에 쑥쑥 자란다는 대나무 숲

잖아. 시골도 좋은 방향으로 변화할 수 있다고 생각해요. 우리 마을은 2005년을 기점으로 가구수가 줄지를 않아요. 60가구인데 혼자 살던 노인이 돌아가셔도 채워지더라고. 마을의 브랜드 가치가 높아지면서 들어오려는 사람도 생기고 귀농자도 생기고. 초등학생, 중학생, 고등학생 전부 있어요. 다문화 가족에서 아기를 낳아서 만 돌이 지나지 않은 0세부터 100세까지 사는 마을이 우리 마을이에요. 나도 주말부부 생활을 10년 넘게 했는데 이제는 식구도 데리고 들어오려 해요. 어머니가 4년 전에 돌아가시고 나서 집을 비워뒀어. 그 집을 봄에 다시 리모델링해서 아내랑 함께 살려고 그래.

집 한 채도 없는 산골짜기를 3km 정도 꼬불꼬불 달려가다 보면 탁 트인 분지가 나타난다. 그곳이 충청남도의 알프스로 불리는 청양군 가파마을이다. 마을 모습이 호리병을 닮았다고도 하지만 어르신들은 '갑옷 갑(甲)'자를 닮았다고 하신다. 임진왜란 때 '갑파(甲坡)'라는 이름 때문에 왜적의 침입을 피했다고 믿는다. 예로부터 한양으로 가는 지름길이었던 마을이었기 때문에 주막터, 말을 묶어두던 대마지기 자리가 그대로 남아 있으며 '샘'의 발원지로써 바가지샘 두 개가 여전히 물을 뿜어 올리고 있다. 400년 넘게 한 자리에서 산신을 모시며 제를 지내는 마을이다.

감성나눔

말을 묶어두던 대마지기

옛날 한양으로 과거를 보러가던 선비들이 쉬어가던 마을이었다. 선비들이 타고 온 말을 묶어두고 잠도 재우고 먹이도 주던 대마지기 터가 그대로 남아 있다. 그 곁에는 300년 된 노송이 그 자리를 지키고 있다.

은행나무 암수 한쌍

마을에서 유일한 은행나무 한 쌍이 있다. 예전엔 고뿔(감기)에 은행이 좋다는 말 때문에 멀리서도 은행을 사러 오기도 하고 구하러 오기도 했다고 한다. 은행나무 한쌍을 찾아 어떤 것이 암컷이고 어떤 것이 수컷인지 구분해 보자. 힌트! 암컷은 가지가 늘어져 있고 수컷은 가지가 위로 뻗어 있다.

'산신물'이 솟는 바가지샘

청양군의 '샘' 발원지라 하여 마을에서 솟는 샘은 산신들이 마시는 물이라는 의미로 '산신물'이라 불렀다. 지금도 두 개의 샘이 마을에 남아 있다. 겨울엔 김이 모락모락 날 정도로 따뜻하고 여름엔 등골이 시릴 정도로 차가운 샘물을 찾아 보자.

다섯 번 쌓아 완성한 돌탑

옆 마을과의 경계지점엔 마을 사람들이 손수 쌓은 돌탑이 있다. 옛날엔 이곳에 돌로 된 문(石門)이 있었다고 한다. 네 번 무너지고 다섯 번 만에 완성한, 마을 주민들의 결속력으로 똘똘 뭉쳐 있는 돌탑이다.

정보나눔

▌가파마을의 특산품 구기자, 청양고추, 서리밤콩, 칠갑산 절임배추 등을 홈페이지에서 구입할 수 있다.

▌벼베기, 고추따기, 경운기 타기, 짚공예, 승경도 등 다양한 체험프로그램을 즐길 수 있다.

▌가파마을에 살고 있는 주민의 집에서 농가민박이 가능하다.

문의

Ⓤ http://gapa.go2vil.org

Ⓣ 041-940-2401

1 산 병풍에 둘러싸여 땔감도 많고 너른 논이 많아 쌀도 많은 마을
2 멋진 장승이 있는 이곳이 바로 마을의 버스정거장
3 커다란 느티나무 아래에서 여름철 국수 한 그릇 나누기
4 마을회관에서의 담소, 해질 무렵 천천히 돌아가는 길
5 마을의 예쁜 초록 정미소
6 듬직하게 마을을 지키고 선 오래된 소나무

1

2

3

4

5

6

7 마을의 최고령 100세 할아버지의 낡은 모자
8 꽃을 참 좋아하던 할머니의 집, 뜰이 다 꽃밭이었던 그곳
9 100세의 할아버지의 얼굴엔 미소가 떠날 줄 모른다
10 겨울에도 물줄기가 끊이질 않는 마을의 샘물
11 독학으로 15년째, 붓을 놓지 않으시는 할아버지
12 마을에 새로 생기는 한글 현판의 절, 안심사

7

8

9

10

11

12

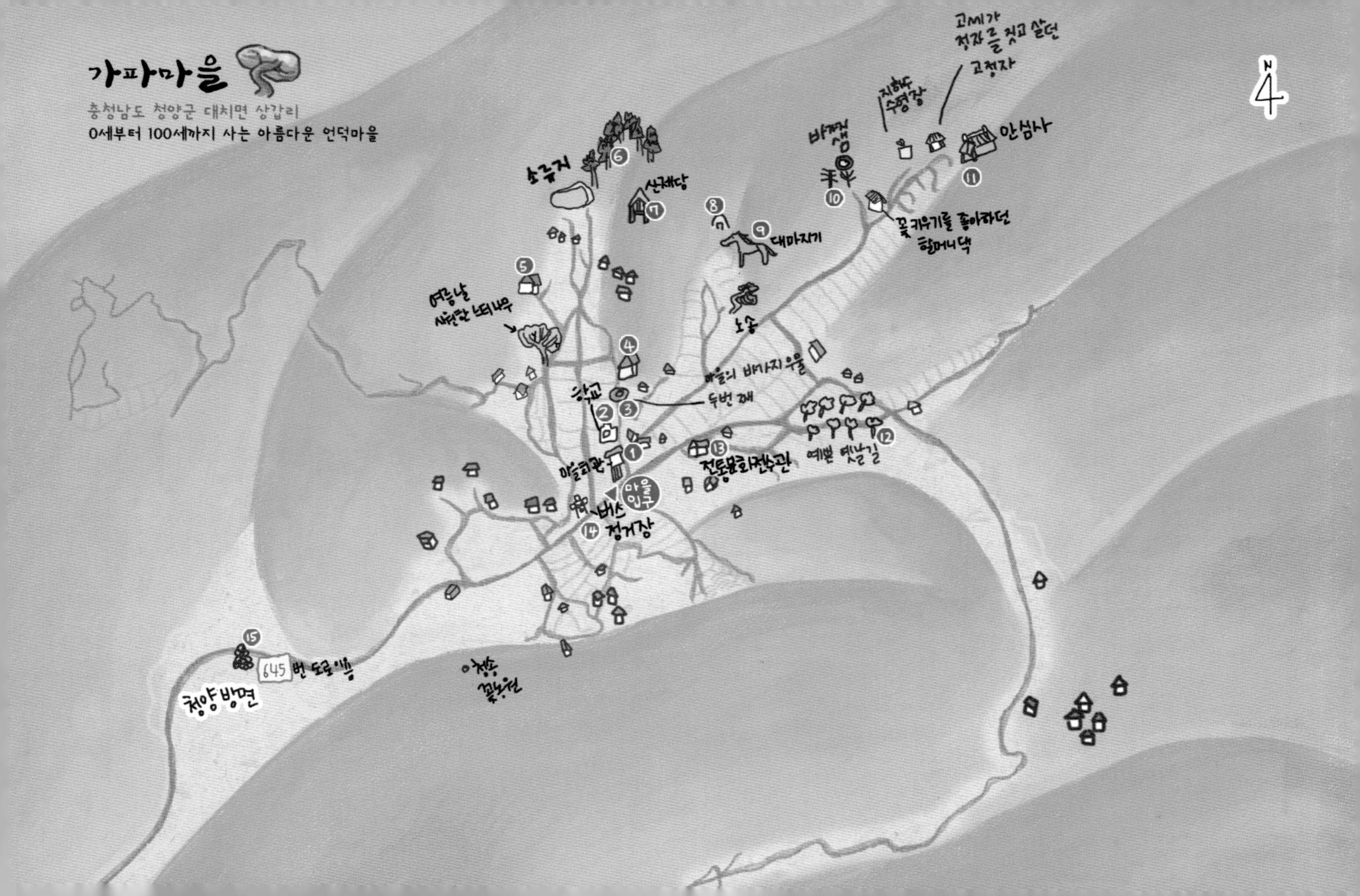
가파마을
충청남도 청양군 대치면 상갑리
0세부터 100세까지 사는 아름다운 언덕마을
소류지
산제당
대마자기
노송
바깥샘
지하수 수평장
고세가 정자를 짓고 살던
고정자
안심사
꽃 키우기를 좋아하던 할머니댁
여름날 시원한 느티나무
마을의 비자지우물
학교
두번 째
마을회관
마을 입구
버스 정거장
전통문화전수관
예쁜 옛날길
645번 도로 이용
청양 방면
이청송 꽃농원

① 마을회관

여러 신들의 지난 날 이야기가 피어나는 곳.
마을에 사는 매년 백정상이라는 호롱상을
동네 주민 한 명에게 주는데요. 그 날은
온동네 사람들이 모여 덕담도 듣고 점심도
함께 나누는 동네 잔치의 날이기도 합니다.

② 사기가마

지금은 폐교가 되었지만 옛날 이곳은
2000여명의 학생들로 가득했답니다.

③ 마을의 바가지 샘

이 마을에는 두 개의 바가지 샘이 있었지요.
추운 겨울에도 물이 얼지 않고 맑은속에서
퐁퐁 솟아난대나.
여름에 차가워 등목도 못할 정도라하니
가장 김치를 냉장고로도 그만이죠.

④ 서이에 자수성가 할아버지

할아버지 댁에 들어서면 문에서부터
수북히 쌓여 있답니다. 이곳이 건너 작업실에
빼곡히 줄이와 글자들이 방으로 한 가득을
채우고 있지요. 자녀들이 한걸음으로
들어가신 것도 숨어 주셨느니 에더시
시끔럽게 소리치느나 그 겨울에 호야사을 썼어요
그런데 읽고보니 그 호랑이 모두명에 뭐가
걸려 있었더라고. 숨으이 여기 바지가 그긴
빠져주 그마하면서 호랑이는 좋은 맺음으로
아버지 신수를 인해 주었다고 합니다.

⑤ 100세 할아버지가 사는 곳

마을에서 최고령인 100세 할아버지는
아들의 정성 덕에 아직도 건강하십니다.

⑥ 사제당 소나무 숲길

소나무 숲길에서 향긋한 솔향을 느껴보세요
마을에 사는 매년 백정상이라는 호롱상을
신가하게 다른 곳에는 없는 봉송해가
신새잠이 근처에 있는 소나무에는 전혀 없이
인제나 싱싱하고 푸르다고 합니다.

⑦ 사제

매년 음력 정월 십오일 자시에 무병장수
중느을 기원하며 마을에서 신제를 지냅니다.
그느는 소들은 한 마리 잡아 마을 사람들
모두가 나누어 먹었답니다. 한 번도 소없는
백정의 소고기가 담아나서 죽음 부위를 질리
소통 속에 숨긴 것이 이어요
그런데 갑자기 그 배정이
쓰러지는 것이 아닙니까. 제먼이
너무도 최가 있는 케이나나 혼을 낸 뒤
배정이 숨겨둔 소고기를 슬그머니 꺼내가
그래서야 다시 살아났다고 합니다.

⑧ 박산소 호랑이 전설

옛날 박씨가 아버지의 빈소을
차리고 있는데 갑자기 호랑이 한 마리가
나타나 으르렁댔다 합니다. 아버지가
돌아가신 것도 슬퍼 죽겠느니 에더시
시끔럽게 소리치느나 그 겨울에 독하으로
그런데 읽고보니 그 호랑이 몸구명에 뭐가
걸려 있었더라고. 숨으이 여기 바지가 그긴
빠져주 그마하면서 아버지 신수을 인해
아버지 신수을 인해 주었다고 합니다.

⑨ 대마지기

옛날 긴 여정에 쉬어가는 사람들이
타고 온 말을 잠시마에 두는 곳이였지요.

⑩ 마을 유일한 은행나무 한 쌍

은행나무는 암수 한 쌍이 있어야 열매를
맺지요. 동네에는 이 한 쌍의 나무가 유일해서
사람들은 암수을 감기에 걸리면
이곳에서 은행열매를
기다리곤 했다고.

⑪ 아사

마을에 새로 지은 정원이다.
누나나 쉽게 읽을 수 있도록
이곳이 앉으로만 이루어져 있어요.

⑫ 예쁜 에나기

봄이 되면 한줌화 꽃길이 되는 이 길은
포장을 하지 않아서
흙이 버스럭 거리는 소리를
흙이 들으며 산책하기에 좋습니다.

⑬ 전통무화전수관

할머니의 숙 금쓰 담그기등
전통 문화 체험을 할 수 있는 곳입니다.

⑭ 버스가 멈추는 곳

하루 다섯 번 버스는 장승 있는 곳에서
섭니다. 하지만 지나가는 버스에
손을 흔들며 아무데서나 멈추라고 하니
커다란 택시와 따로 없답니다.

⑮ 마을사람들이 세운 둥탑

옛날 서낭이 있던 자리에서 마을사람들
모두 한곳 모아 돌을 쌓기를 여러 번.
4년만이 무너지고 5번 째가 되어서야
만들어진 둥탑입니다.
이곳에 서면 호리병 모양의
마을 모습이라고 합니다.
돌아가는 길이 길은 글자자리
마을에서 들어오는 길이
아무 것도 앉지고 도이긴 사람도 있대요.
하지만 마을 사람들은 30리가 넘는 이 길을
지게하나 다른 사람 지고 매일 걸이 걸어다녔습니다.

옛날 어느 신둘 끝쯤에
땅에가 있으며 쌓여 낙숙하나 밤중하고
산이 없으며 땅까가 없낙하나 쌓이 부족한데
이 마을으 땅에와 산이 어우러져
쌓발도 땅까도 모두 낙낙했다고 합니다.

살고 싶고 가보고 싶은 빨강마을 ▌▌▌▌▌▌▌▌▌▌▌

Part3. 성숙

분단, 수몰, 가난, 전쟁 등의 아픔을 딛고 '성숙'한 마을

하니마을 | 금평마을 | 매화미르마을 | 용계리마을

100가구가 넘게 살던 마을이 댐 건설로 수몰되었으나 새롭게 일어섭니다.
가난의 아픔을 딛고 일어서자 인재가 많고 손재주가 뛰어난 마을이 되었습니다.
민통선마을은 전쟁과 분단의 아픔을 고스란히 삭이고 다시 태어납니다.
동학혁명 때 죽창을 들고 싸운 농민들의 숨결이 살아 있습니다.

아픔을 딛고 '성숙'의 단계를 거친 마을은 이미 눈이 부십니다.

충북 충주
하니마을
다섯 굽이 고갯길 따라 이야기가 흐르는 마을

마을 어귀에 있는 버스정류장.
10여 분의 기다림 뒤, 버스 기사 아저씨는
담배 한 대 태우고도 호수를 바라볼 만큼 여유가 있는 시간이지만,
다리 아픈 할머니들에게는 그런 여유마저도 허락되지 않는 너무나도 짧은 시간이다.
하루에 3번 운행하는 버스는 이곳을 기점으로 다시 돌아서 나간다.

다섯 고개 밑에 자리잡은 마을

우리 마을은 끝없이 굽이치는 비포장 고갯길이 원형 그대로 살아 있는 농산촌마을이다. 다섯 개의 고개 밑에 있는 마을이라 '재오개'라고 불린다. 또, 태어난 지 석 달 만에 말을 하고 세 살에 쌀 한 짝을 들던, 비범하며 재주 많은 아기장사가 다섯 살 때 죽었다고 하여 '재오개'라고 불리게 됐다는 이야기도 전해진다. 마을을 관통하던 길은 옛날 조선시대 때부터 경상도 사람들이 과거를 보러 한양 갈 때 거치던 유일한 교통로였다. 그 길을 따라 즐비하게 늘어선 주막들이 거리를 형성했을 정도로 번화가였다고 한다. 그러나 충주댐 건설로 모두 수몰되어 흔적을 찾기 어렵다.

'우리 고향은 용궁이야', 수몰의 역사를 간직한 마을

수몰 전엔 백 가구가 넘는 집들이 밀집되어 있었다. 수몰 후 뿔뿔이 흩어지고 지금은 서른두 가구만 남아 마을을 지키고 있다. 서른두 개의 집은 다섯 개의 고개마다 듬성듬성 흩어져 있다. 다섯 개의 고개를 넘으며 마을 한 바퀴를 돌려면 한나절이 걸릴 정도로 거리가 멀다. 때문에 예전엔 마을주민 전체가 1년에 한 번도 한자리에 모일 수가 없었다고 한다. 성인이 되어서야 아랫마을 친구를 만날 수 있었다고도 한다. 너무 멀리 떨어져 있어서 무리지어 세 곳에 서낭당을 모셨지만, 지금은 두 곳의 서낭당에서만 동제를 지낸다.

새롭게 쓰는 마을의 이야기, 꿀벌마을

마을의 90% 이상이 사과농사를 짓는 수출사과농사지역이다. 봄이면 흐드러지게 핀 산벚꽃과 향긋한 사과꽃이 다섯 고개를 수놓는다. 사계절 내내 맛있는 유기농 사과를 맛볼 수 있다. 또, 전국 최초로 '꿀벌체험마을'을 조

▲▲ 조용한 아침 안개가 충주호와 하니마을을 품고 있다
▲ 마을의 희로애락을 같이 봐 왔을 오래된 서낭당나무

성하여 여왕벌 육종과 양봉 등의 벌꿀 사업도 펼치고 있다. 때묻지 않은 자연 그대로의 모습을 간직하여 상도, 주몽, 대장금 등 MBC 드라마 촬영지로 유명하다.

우리 할아버이는 환갑도 못하고 갔어 _김경순(83세)

가마 타고 시집올 때 우리 친정어머니가 색천을 주대. 서낭에 걸라고. 뻘건 거, 파란 거, 작게 잘라서. 가마 메고 오는 이들한테 노딕을 했지. 가다가 꼭 실게 하라고. 재 넘어 오는 길에 세 군데 서낭에 천을 달았어. 어머니가 해준 건 그것밖에 없어. 동네가 물에 잠길 때 서낭 하나는 고스란히 짊어지고 와서 옮겼어. 지금도 그 서낭에 제를 지내.

열여섯에 시집왔더니 식구가 나까지 열일곱이여. 밤새 항아리로 물 이어 나르느라 키도 못 컸어. 친정아버지가 아프다고 해서 가려고 했는데 누가 십 원짜리 하나 줘? 가다가 버선을 벗어서 올뱅이를 주워가서 아버지 끓여주고 그랬어. 그게 옛날이다. 참말로 옛날이여. 아이고 몸서리 나.

우리 시어머니는 시집살이 많이 시켰어. 일 못 한다고 죽자 사자 혼내켰어. 맨날 징징거리고 울었어. 그래서 내가 지금 얼굴에 주름이 자글자글해. 하도 울어서. 그때마다 영감쟁이한테 팍팍팍팍 앙탈하고 박박거리면 조용히 나간다고. 한참 있다 들어와서 이래.

"아주머니 이제 어지간히 풀렸지, 허허허허." 아주 그만이었어, 마음씨가.

근데 우리 할아버이는 환갑도 못 했어. 우리 저 아래 살았었거든.

▲ 인기척을 내고 싶은 할머니의 깨끗한 앞마당

할아버이 환갑이 삼월 그믐날이여. 낼이 생신이고 환갑이었는데, 물 들어온 다고 집 안 뜯는다며 난리가 난 거여. 행랑은 뜯었는데 안채는 안 뜯었거든.

"낼이 우리 저 노인네 환갑인데 아침이나 방에서 해먹고 뜯게 해주구 려" 했더니 떠다밀어서 나는 쿡 처박히고 포클레인으로 막 부셨어. 죄 받어. 그래서 집도 없이 길에서 생일이라고 솥 걸고 밥해 먹었어. 할아버이는 환갑 도 못 해먹고 죽었어. 그래서 내 환갑도 안 했어.

할아버이가 집 앞에 매실나무를 백 그루나 심었어. 막 매실이 조발조 발 열릴 때 돌아가셨어. 저거 딸 때 되면 아들, 손주들이 전부 와서 고생해. 매실 하루에 다 못 따. 세 번은 와야 해. 손으로 다 따야 하는데 가시가 있어 서 따기가 아주 나빠요. 할아버이가 저놈의 거 괜히 심어서 손자들 골탕 먹 인다고 애들한텐 그러지만, 알지. 애들이 나 한 번이라도 더 보러 오라고 심 은 거. 그거 판 걸로 나눠서 용돈 써.

요즘 가장 큰 친구는 요놈이야. 봉사 온 사람이 선물해 주고 간 건데, 내가 팔 다리가 안 좋으니까 세탁기에서 빨래 꺼낼 때도 이걸 쓰고, 밥상 끌 어다 밥 먹을 때도 이걸 쓰고, 등 가려울 때도 이걸 쓰고 그래. 이름 그대로 효자야.

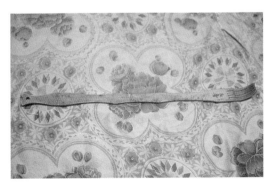

◀ 작아진 할머니의 팔과 다리를 대신 하는 만능 효자손

여기에 봉숭아물을 들이면 저승길이 밝대_임길자(66세)

열여덟 살 때 가마 타고 시집왔어. 중신애비가 말하길 그 집에는 어머니, 아버지가 벌써 돌아가시고 누나들 다 시집 가고 두 형제만 사는데 논밭 전지가 아주 많은데 두 형제가 밥도 해먹을 줄 모른다는 거야. 그 말을 믿고 저 문하리 큰 데서 여기 산골까지 시집을 온 거여. 가마 타고 토끼길 같은 데를 가는데 가도 가도 끝이 없고 자꾸만 산골로 들어가. 세상에 이런 데 사람이 사나, 하고는 점점 불안했지. 그 집에 가보니 당장 밥해 먹을 쌀도 없는 거야. 중신애비한테 백프로 속은 거여. 그런데도 새댁이니까 쌀이 없어 밥 못한다는 소리를 하지 못해서 잠만 자고 드러누워 있었어.

"인나, 밥해. 해 많이 떴어." 신랑이 그래. "일어나서 뭐해." 그랬더니, "밥해 먹어야지." 그러더라고. "방아 찧을 쌀도 없는데." 그 말을 듣더니 슬며시 나가서 한나절 안 들어와. 집집마다 울타리 구멍으로 들여다보며 찾아다녔지만 없어. 해가 뉘엿뉘엿 지니 배가 너무 고픈 거야. 그때 고개 너머 저만치서 지게를 지고 와. 지게뿔에 주먹만한 봉지가 하나 달려 있었어. 낮동안 나무한 걸 발티재 넘어가서 팔고 국수로 바꿔온 거야.

"배고프지? 얼른 먹어."

여태 나무해서 팔

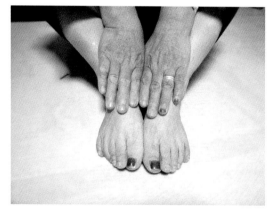

▲ "여기 봉숭아물 들이면 저승길이 밝대"

고 그 시간에 오면 자기도 배가 얼마나 고프겠어. 그런데 배고프다는 말 하나도 안 하고 나한테만 국수를 끓여서 먹으라는 거야. 그렇게 신랑은 나무장사가 되었고, 나는 도망 안 가고 같이 살았지. 군 제대하고는 목수일을 시작했어. 고생고생하며 살다 이제 그래도 자식들 다 내보내고 살 만하니까, 우리 아저씨 공 팔러 갔어. 올해. 경운기 사고로.

아직도 동네에 누구네 집수리할 때면 그런다고.

"아저씨 살아 계시면 참 좋을 텐데."

그러면 내가 그래.

"품삯 달라는 소리 안 할 테니, 데려다 지어."

아직도 우리 아저씨가 지게 지고 재 넘어 올 것만 같아. 이 나이에 엄지발톱에 봉숭아물을 들였어. 여기다 봉숭아물 들이면 저승길이 밝대서.

◀ 할아버지의 손길이 남아 있는 대청과 공구들

소는 사람 인생하고 똑같아, 특히 여자_남선옥(53세)

우리는 고향이 용궁이야. 84년도에 저 아래가 수몰돼서 소 여섯 마리 끌고 여기로 올라왔거든. 그 해에 수몰되는 땅에 땅콩을 열 비시기를 심었는데 음력 8월 달에 한 열흘만 더 있으면 수확할 땐데 물이 들어온 거야. 물이 들어와서 6일 있으니 땅콩이 다 썩어서 수확을 못 했어. 그냥 다 버리고 온거지. 그래도 그때만 해도 소 한 마리가 거의 300만 원 가까이 갔어. 여섯 마리면 시내에 집 실컷 샀어. 근데 소파동이 났었잖아. 그래서 뭐 사그리 빚진 거야. 농사 진 것도 없지, 소 값은 떨어지지. 근데 그거라도 팔아서 겨울을 났어야 했어. 땅도 물속에 잠긴 땅밖에 없는데 어떡해. 소를 다 팔아먹은 거여.

여기 와서 진짜 고생 많이 했어. 남의 땅 안 붙여본 게 없을 정도로. 고

▲ 차가운 개울물이지만 부지런한 할머니의 손은 바쁘게 움직인다

개 지나가면서 이렇게 보면 다 내가 밭일 해줬던 땅이야. 그때 남의 땅 매면서 엄마 생각이 그렇게 나더라고. 우리 엄마도 남의 집 밭일을 많이 해줬거든. 나 국민학교 2학년 때 우리 엄마가 부잣집에 보리를 베 주러 갔어. 아침을 굶고 학교를 가는데 엄마가 그러는 거야.

"학교 갔다 올 때는 고갯길 옆 밭으로 와라."

밥 얻어먹는 게 좋아서 신나서 간 거야. 때맞춰 가니까 사기밥그릇에 밥을 주는데, 품 팔고 만만한 사람은 이빨 빠진 데다 담아주더라고. 지금 밥그릇으로 치자면 세, 네 그릇 될 만큼 어른 밥을 퍼줬어. 근데 엄마 먹으라는 소리도 안 하고 그걸 내가 다 먹었어. 아침을 안 먹고 갔으니 얼마나 배가 고파. 우리 엄마는 배고프다 소리도 못 하고 내 입만 쳐다보고 있는 거야. 그때는 그런 걸 하나도 몰랐는데 남의 밭일 하면서 생각이 나는 거야. 그때 우리 엄마가 그 일을 하면서 얼마나 허기가 졌을까. 내가 다 뺏어 먹었으니까.

▲ 주인의 마음을 아는 양 눈빛이 남다른 소

난 소를 참 좋아하걸랑? 처음에 폐물로 받은 금반지, 목걸이 팔아서 송아지 한 마리를 2만 5천 원 주고 샀어. 그 송아지 한 마리 데려다 놓은 게 너무 좋아서 밤에도 가서 들여다보고 또 보고 그랬으니까. 우환이 중간 중간 있었지만 지독하게 사니까 소는 항상 같

▶ 뒤뜰에 사과밭과 안개를 품고 사는 집
▶▼ 주인의 부지런함을 보여주는 아기자기한 집 한 채

이 있었지. 소를 보면 사람 인생하고 똑같어. 특히 여자. 난 그래서 소가 그렇게 불쌍한 거여. 우리 집 이가 술 먹고 소밥 못 줄 때도 불쌍해서 내가 줘. 여자는 시집가서 행복하게 사는 사람도 있겠지. 그런데 좀 불행한 사람은 이러지도 못하고 저러지도 못하고 한번 가면 얽매여 살잖아. 소도 똑같아. 일 아무리 많이 하면 뭘 해. 잘 못한다고 두드려 패고. 우리 집 이가 소 때리면 난 막 싸워.

마을 하나를 둘러보는 길이 이처럼 길고 험난할 수가 있을까? 과거엔 100가구도 넘는 집들이 있었다지만 수몰과 가난의 아픔으로 줄어든 32가구가 다섯 고개에 듬성듬성 번져 있다. 겨울 고갯길을 수놓은 앙상한 사과나무에는 반드시 새를 위해 남겨둔 사과 몇 알이 매달려 있다. 아끼고 아껴 두어 검게 변한 곶감 한 개를 꺼내어 손에 쥐어주는 할머니가 있다. 그들과 만나다 보면 어느덧 가슴속 따뜻한 위안을 나누게 된다.

감성나눔

수몰되며 이사 온 서낭당

아랫마을이 수몰될 때 그곳에 있던 서낭당을 마을 사람들이 어깨에 지고 올라왔다. 백 년 정도 된 것으로 짐작되며 대들보에 만들어진 날짜가 적혀 있다. 느티나무에 동제를 지내는데 해마다 잎이 돋는 것을 보며 풍년과 흉년을 점쳤다고 한다.

영검한 기운이 감도는 터, 그리고 서낭당

과거엔 그 터에 자리를 잡으면 무속인이 되는 사례가 있었다고 한다. 현재는 이곳을 찾는 무속인들이 많을 정도로 기운이 강한 곳이다. 느티나무와 신목을 모시는 서낭당도 있다.

소달구지 체험

시집와서 지금까지 남선옥 어르신의 앞마당 작은 축사에는 늘 소가 있었다. 그곳에 가면 소 체험과 함께 정 많은 남선옥 어르신의 이야기를 들을 수 있다.

은행나무에 묶어 놓은 그네

마을회관 앞 은행나무에는 가끔씩 찾아오는 손자들을 위한 그네가 묶여져 있다 60㎏ 미만의 성인이라면 거뜬히 올라탈 수 있다.

비가 오거나 흐린 날 더욱 매력적인 고갯길

날씨가 흐리거나 비가 온다면 호수에서 밀려오는 물안개가 고갯길로 흘러들어 고인다. 한발 치 앞도 안 보일 정도로 빽빽한 안개 길을 굽이굽이 넘다 보면 금방이라도 도깨비가 튀어나올 듯하다.

재오개리 도깨비 이야기

밤이면 도깨비불이 고개를 수놓았다. 저물녘이면 도깨비에 홀려서 사흘 동안 산에서 헤매다 집으로 돌아오는 사람이 많았다. 고갯길에는 도깨비에 홀리는 장소가 따로 있었다. 고갯길을 내려오다 산 구렁을 지나다 보면 도깨비에 홀려서 산에 올라가게 된다. 홀리는 사람이 남자면 예쁜 색시가 고래등 같은 기와집으로 데려간다. 진수성찬이 차려져 있고 예쁜 색시가 술 한 잔 마시라며 권한다. 이튿날 그 사람이 정신을 가다듬고 보면 사금파리에 소똥이 수북이 담겨 있곤 했다.　　　　　　　　　　　　　　　　　　　　　　　—마을 사람들의 체험담

정보나눔

■ 마을회관 및 꿀벌체험관에서 민박이 가능하다.

■ 천연밀랍인형 만들기, 꿀소스부꾸미 만들기, 꿀벌생태 체험 등을 할 수 있다.

문의

U http://honeybee.go2vil.org

T 043-845-6600

1

2

3

4

5

6

7 하재오개에서 가장 나이 많으신 할머니
8 긴 겨울을 덥혀 줄 장작더미 사이에서 기지개를 켜는 개
9 언제든 가마솥에 끓인 순두부를 맛볼 수 있는 하니마을
10 천 년도 넘은 듯한 고목나무에서 지내는 당제
11 집집마다 아직도 남아 있는 재래식 아궁이의 온기
12 때론 살기 위해 떠나보니고, 때론 살기 위해 맞이하는 소

7

8

9

10

11

12

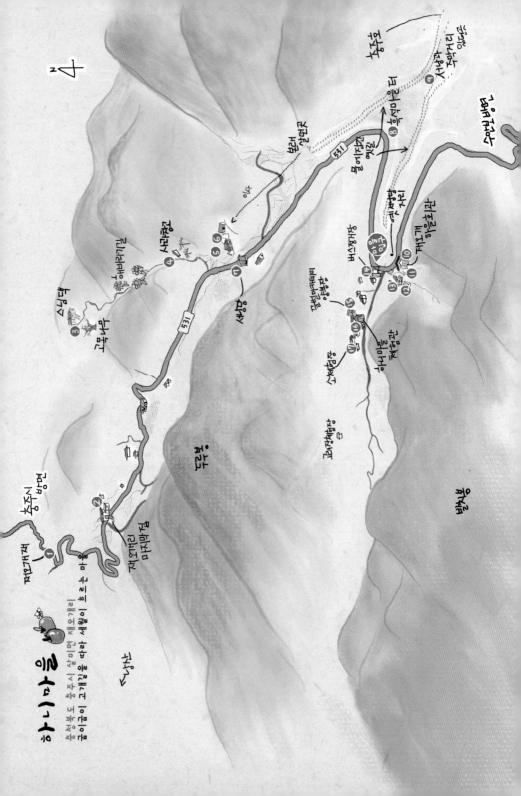

① 아디아디 구부러진 고개

높은 산으로 구불구불 고갯길.
이매골 안개라도 내려앉는 날이면
굽이굽이 길이 끝나지않을 듯 싶기도 해요
곳곳에 산에있는 숨어있는
비포장 길이에요.

② 제오개 뜸마을 아저씨

집안으로 길이 닦여지 전에는
북녘 산의 찬 바람을 막아
감나무가 무성했답니다.
지게 가득 짚을 싣고 고개를 넘어
장으로 가고 하교도 가던 소나는
바깥세상 잠시 살다 돌아와서
바쁘기 남도록 고개 지키는
함아버지가 되었지요.

③ 해바라기 기 뜸마을에

줄기에 서있는 해바라기 키모,
천대도 넘어올 것처럼 보이는
엉겅퀴 고드나무를 지나면
외딴 집은 한세가 기다리고 있습니다.
나무 탓인지, 예전부터 이 부근에서
무당과 스님이 된 사람이많이드다고 해요
수물 도기 저 아래쪽 마을에서는 이곳
무당의 아이들 예쁜 보리도 시간나는
길을 마다않은 쳐녀로 있었다지요.

④ 이웃지긋 사갓나무

새로도 유명한 충주의 마을답게 곳곳이
사나무입니다. 겨울 철 사나무에도 새들
굽이굽이 길이 끝나지않을 듯 싶기도 해요
마을거리 두에 개 심가운 엄매들이
은하 붉어 눈에 띄지요.

⑤ 마을 어린이도 모여사는 분거지리

수물도 본래 마을에서 조금커와
지금껏 살아오던 이제는 네가 뿐
마을의 어른신들이 서로 기대어 기대어만
세월을 봉고 있습니다.

⑥ 가야타고 서니지나

어머니가 쥐어 준 무명 천 조각을
세 곳 삼나무마다 매두거나 시갈와서
삼고 개신함한데님의 지난세월에었어가득
전해보세요.

⑦ 오래된 사나무

고향을 몸속에 두고 왔지만 당장이라도
모서있어요. 오건의 제를 모시는 바직이노
'당집에 제사 덕분에 마음이 무겁하다'
라고 하신답니다.
일제시대부터 지즘까지의
마음 여신을 그스한 기억했던 당집입니다.

⑧ 혼자있는 예 마을

충주말 지역까지 잔예는 가장 많은 사람이
산에도 두 부셔을 타임니다.
물도 들어오고, 깊도 닦어서
혼자 없이 이야기만 남아 있지요.

⑨ 욧동이 그항이 사람는

경상도에서 한양 가는 샌버들
모두 가지는 오막거리가 있었습니다.
두 팔 벌려 네 뱀을 둘러도 크기가 가운
가늘동가 싶다 큰 당나무가 있었습니다.
하지만 이제는 것을 수 없는 웅으이 되었지요.

⑩ 마음 사람든의 소망

마을화관 안에 들어가게 되면 한쪽 벽을
차지하고 있는 제샛판의 사진구멍을 해
보세요. 주민들 한분 한분의 모습이
그분들의 소망이 적하있어요.

⑪ 소자 그네

화관 마으며 나무 한 그루에 순함이 뛸 것
같이 긴 그네가 매어 있어요.
아름이 긴 그때가 매여 있어요.
어른신의 손자를 위해
순수 것나무도 그때랍니다.

⑫ 부지라한 부부

5대째 이 마을에서 삶을 꾸리고 있습니다.
소나무 엽집 냉겨마다
소작을 부쳐만 느느히 잎에 풀붙하던
어려운 시기도 겪었지요.
도라가 닦이고 전기가 들어오.
그 때마다 앞장서서 일한던 두 사람.
마을에서 제일 부지런하기로 소문나지요.

⑬ 마당 예쁘진

네모만 하늘이 들어오는 마당이 예쁜 집
입니다. 곰마금의 고개 넘어온 새색시가
정성으로 소을 기르며 잎고 있습니다.
중 소댁에게 아들을 주며 느낌을 해보세요.

⑭ 버스 정류장

버스도 이곳까지와요.
얼른도 잠만만 찍고 지도어이가 비쁩니다.
마을 입구가 회차점이 터이니다.
이근까지나오시기 어려운
고기 어르신들도
친대실거 어려운 너석입니다.

⑮ 콤바이 아가데미

트튼하고 부지런한 양양녀들이
상화된 옥죽연구가의 손재미에서
자려나고 있답니다. 우리나라의 첫 이곳 수영
여양들이 태어난 곳이에요.

⑯ 하니마인체하지

듣고 예쁘게 지어진 마을체험장.
아주마들이 모이면 건물 옆 긴 기마손에서
그소에 한마을 두부가 만드어지기도 합니다.
담금도 '맛소수부마어도 만드어볼 수 있조.

⑰ 소롯 기른더

자드하게 가나에서 느낌을 매아 했던 엄마.
시장간을 한지 두 근을 매매
그렇게 흘러간 이야네 삶의 숙해다 많이 이곳에서
잔성으로 소을 기르며 잎고 있습니다.
이곳 소들에게 이름을 주머 느낌을 해보세요.

경남 통영
금평마을

집집마다 우물은 있고 대문은 없는 마을

온 동네 사람들이 모여 빨간 정을 나누는 시간
정을 나눌수록 이야기꽃은 점점 익어간다.
오늘은 찜질방 주인네 김장하는 날,
김장을 마친 뒤 동네 아주머니들은
작은 가방 하나씩 들고 찜질방으로 마실간다.

집집마다 우물이 있는 마을

우리 마을의 가장 큰 자랑거리는 지하수가 풍부하다는 것이다. 근처에 공장도 없고 오염될 만한 것이 없어서 물이 참 깨끗하다. 아직도 집집마다 우물이 있다. 마을 어디에서든 2~30m만 파면 깨끗한 물이 꽉 차 있다. 가뭄에도 물이 마른 적이 한 번도 없는 마을이다. 우리 마을에서는 그 어떤 물이나 마셔도 탈날 일도 없다. 다른 마을 사람들이 와서 하룻밤만 보내고 나면 벌써 피부가 달라진다. 그만큼 물이 좋다.

대문 달린 집이 없는 마을

우리 마을은 아랫마을 윗마을 모두 합쳐서 95가구가 살고 있지만, 집집마다 대문을 달아 놓은 집이 거의 없다. 옛날부터 있던 대문마저도 헐어버린 집도 있다. 오랜 역사를 가진 마을이지만, 마을 내에서 작은 사고도 일어난 적이 없다. 물도 깨끗, 마음도 깨끗한 마을이다.

섬 속의 육지, 그곳에서 꽃핀 인재들

우리 마을은 미륵도라는 섬 속의 유일한 육지이다. 미륵도에 있는 다른 마을은 바다를 끼고 있기 때문에 어업으로 인한 소득도 있지만, 우리 마을은 농사가 아니면 다른 소득이 전혀 없다. 게다가 농지 정리를 하기 전에는 전부 다랑이논이라 농사지을 땅조차도 턱없이 부족했다. 늘 가난하고 사는 게 힘겨워 너도나도 자식만큼은 농사 안 시킨다는 결심으로 자식교육에 열을 올렸다. 아이들은 미륵산 재를 넘어 통영시까지 두 시간씩 걸어서 학교를 다녔다. 그럼에도 불구하고 우리 마을 아이들은 개근상을 놓치지 않았다. 한때는 한 해에 서울대를 둘, 셋씩 보내곤 했다. 그때 그 아이들이 사법고시에 합격해서 변호사, 검사가 되었다. 행정고시에 합격하기도 했고 서울에서 국회의원이 된 사람도 있다. 마을에 인재가 많은 게 우리 마을의 가장 큰 자랑거리다.

▲ 물 좋은 우리 마을은 집집마다 우물을 가지고 있다

우린 삼형제가 다 목수였어요 _장석만(69세, 이장)

가뭄에도 물 마른 적 없
는 마을_우리 마을에 크
게 내세울 만한 것은 없
어도, 지하수는 참 풍부
해요. 요기는 큰 공장이
없고 오염될 게 없으니께
물이 참 깨끗하고 좋습니
더. 객지에서 일가친척들
이 오면 벌써 피부가 틀

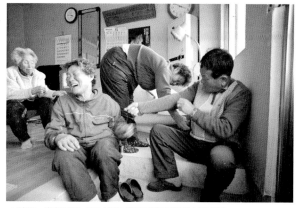

▲ 염소는 사라졌지만, 옷에 붙은 도깨비풀에도 웃음은 남아 있다

려진다고예. 물이 좋응께. 집집마다 지하수 관전을 뚫버서 전부 우물 없는
집이 없습니다. 어딜 가든 2~30m만 파면 물이 꽉 차 있는기라. 가뭄에도 물
이 마른 적이 없는 마을입니다.

　　물이 좋아서인지 3년 동안 장수마을로 선정되었어요. 첫해엔 한 집에
염소 한 마리씩 돌렸거든요. 그건 할 사업이 못 되더라구요. 왜냐면 할매들
이 먹고 살 만큼 키워가지고 부업을 해야 될낀데, 잡아먹고 팔아삐리고 마
이런 식인기라. 그래서 다음해에는 회관에 의료기기랑 운동기구를 넣었어
요. 그 다음해는 고추건조장도 해놓고.

하도 몬 살아 논께 인자 악이 생기는 게지_자식 잘 키워 보자고 우리 동네
는 넘의 집 머슴살이 하는 사람이 많았어요. 워낙 먹고 살 게 없으니까. 섬마
을이지만 바다에서 올라오는 수입이 없으니까 다랑이논 말고는 돈 십 원 나

▲ 해가 뜨기 전 "밥은 먹었냐?" 묻곤 시장 가는 버스에 올라타는 할머니

올 데가 없는 거예요. 하도 몬 살아 논께, 인자 악이 생기는 게지. 자식 잘 키워 보자고. 우리가 인자 애들 키울 때는 어떤 노력을 하든지 앞도 안 보고 뒤도 안 보고 공부만 딱 시켰어야 했는기라. 자식은 농사 안 시키려고. 공부 시켜서 도시로 보내려고. 도시로 가고 싶은 생각도 많았는데 옆눈 쳐다볼 정신이 없었어요. 애들 공부 시키다 보니까.

　우리 젊을 때는 배 타러 나가서 돈 버는 사람도 많았습니다. 나는 뭐 바다에 나가면 멀미도 해싸고 한께 아예 꿈도 못 꿨지. 나도 목수일 해서 애들 공부시켰지, 그러지 않으면 시키지도 몬했습니다.

문화재였던 큰형부터 용화사 지정목수였던 나까지_우린 삼형제가 다 목수였어요. 우리 큰 형님이 목수일을 해서 그 다음에 작은 형님이랑 나도 형님 따라다니면서 배웠지. 셋 중 큰형님이 제일 기술자 아닙니까. 보통 기술자가 아니고 문화재였으니께. 일정시대에 일본 기술자들 따라다니매 죽도록 고생하며 배운 거라예. 근디 목수일이라는 게 기술만 배운다고 느는 게 아니고 머리를 써야 되거든. 행님은 머리가 뛰어난 편이었지. 기술자들 밑에서 한 가지를 배우면 자기는 두세 가지를 하고 있었으니까. 관음사 정문도 우리 행님이 멋지게 지어 놨습니다. 거 지을 때도 합천 해인사 가서 따 한 번 보구 와서 지었다 하대. 요즘 같으면 사진이라도 찍어 왔을 텐데 그땐 그런 것도 없없지. 우리 형님은 재주가 너무 좋아서 집만 짓는 게 아니고 악기도 만들고 그랬어요.

큰형님 돌아가시고 나서는 나가 인자 주로 일을 했죠. 요 동네는 60년 대까지만 해도 전부 초가집이었거든. 새마을건설이 들어오면서 지붕만 인자 고치고 그런 정도로 살다가 차츰차츰 손을 봤지만 크게 보수한 집도 없고. 좋게 지은 집도 없고. 못 살아가지고. 풍아리 해변가는 어촌이고 고기도 잡고 그러니께 도로변이 발달해가지고 돈을 많이 쳐줬거든. 좋게 지은 집도 많고. 거기 가서 많이 일했지. 또 옛날에는 절에 지정 목수가 있었어요. 내려앉

▼ 할아버지 때부터 살아왔던 터, 30년 전 손수 지은 집

은 것도 고치고 손볼 게 있으면 고치는 거. 나는 용화사 지정목수였어요. 요즘은 문화재 공사에서 알아서 하니까 우리한테는 일이 안 오지. 이 동네에서 내가 지은 건 30년 된 우리 집하고, 2000년 넘어 가기 전에 지은 찜질방이 전부예요. 찜질방을 마지막으로 목수 일은 그만뒀어요. 나도 나이를 많이 먹어 힘도 없고.

이제 돈 뭐할 낍니까? 크게 쓸 데가 없는 기라요_난 딸 둘, 아들 둘입니다. 부모 속 안 썩이고 고마 부모한테 뭐 주라 뭐 주라 안 싸코, 크게 안 보태줘도 잘 자랐으니 그게 제일 감사한기라. 지금도 난 벼농사를 천오백 평 정도 짓거든요. 그거 하나도 안 팝니다. 딸들 아들들 똑같이 "너그들 식량 떨어지면 무조건 와서 지고가라" 그래 합니다. 난 절대 시장에 내다 안 팔고 합니다. 이제 돈 뭐 할낍니까? 애들 공부 다 시켜놨고 크게 쓸 데가 없는 기라요. 집사람하고 간혹 병원 한 번씩 갈 때 거기사 조금 들지 뭐.

그놈 아들도 공부 참 서럽게 했습니다. 중학교까지는 늘 산길을 걸어

◀ 이제는 손에서 나무를 놓았지만, 여전히 나의 손은 목수의 것이다

▶ 평생 손끝으로 나무를 느끼던 습관은 지금도 잔가지의 감촉까지도 놓치지 못한다

갔다 걸어오고. 고등학교 때는 버스가 있긴 했는데 산양읍까지만 오니까 여기까지 2km를 걸어 올라와야 됐거든요. 책도 많이 든 가방 둘러매고 그놈 아들 참 욕봤습니다. 그리 공부를 하러 다닝께 이 동네 애들이 다 뭐시기 한다 싶어요. 지금은 참 편습니다. 애들 공부하기가. 차가 마을까지 바로 와서 싣고 가고 데려다 주고 그랑께. 그란데 이자 공부하는 애들이 없지, 이제 아예 없습니다.

　즈그도 나보고 이런 말 하지예. 정년퇴직하면은 온다고. 저그도 애들이 있으니까 공부시켜 놓고 인자 올끼라고. 그랑께 인자 논 같은 거, 밭 같은 거 갖고 있다가도 안 팔지. 저그들 오면 물려줘야 아닙니꺼.

대문이 없는 집 안으로 들어갔더니 할머니가 말한다. "이래 댕기는 사람은 배고프다. 고구마라도 좀 줘라." 인사 나눌 틈도 없이 군고구마가 손에 들린다. 마을엔 마을을 방문하는 도시민들을 위해 만들어놓은 시설(펜션, 음식점, 가게 등)이 전혀 없다. 마을 내에 있는 찜질방도 할머니들의 수다방으로 만족하며 크게 욕심 부리지 않는다. 여행지의 편리한 시설에 몸이 익은 사람은 불편할 수 있지만, 옛스러움과 불편함이 주는 여유와 낭만을 사랑한다면 가슴 뛰는 마을이다.

감성나눔

소를 몰던 소년들의 추억

예전엔 산에 나무가 없어서 바위가 훤히 드러났다. 산에 소를 풀어놓고 마을에서 산을 올려다보면 소가 어디서 뭐 하는지 다 알 수 있었다. 당시 소를 몰고 나무를 하던 소년들은 바위마다 이름을 지어줬다. 기차바위, 대포바위, 손가락바위 등등. 그리곤 낮 동안 해온 나무를 새벽 3시면 등에 지고 재를 넘어 통영 시내에 가서 팔았다.

임진왜란 때 봉화불 올리던 곳

미륵산 정상 아래쪽에 동굴이 있다. 임진왜란 때 봉화불 올리던 곳이다. 아직도 터가 남아 있다. 그곳에 가면 청량할 때는 대마도까지 내려다보인다.

스님이 지내는 동제

1년에 한 번 섣달그믐에 주민들이 십시일반 기금을 모아서 산신에게 동제를 지낸다. 용화사 스님들이 산제를 모신다. 옛날엔 마을에 스님이 몇 분 살기도 했다. 6·25전쟁 때도 마을에 침입자가 없이 고요했던 것도 동제를 잘 지낸 덕분이라 믿고 있다.

야숫골의 숯굽터

옛날 마을은 '야숫골'로 불렸다. 임진왜란 때는 마을에서 구운 숯을 병기로 활용했다. 지금도 숯을 굽던 가마터가 몇 군데 흔적만 남아 있다. '금평'이라는 이름이 된 건 150년쯤 되었다.

정보나눔

차와 잠시 작별하고 두 발로 걷는 여행

마을 입구부터 마을까지 들어오는 길은 버스 한 대가 겨우 들어올 정도로 좁은 길이다. 마을 안에 주차장도 없고 집집마다 좁은 골목길로 이어진 마을이기 때문에 차로 둘러볼 수도 없다. 여유를 갖고 마을 입구부터 차와 잠시 작별하고 두 발에 힘을 실어본다. 두 발이 이끄는 곳, 그곳이 어디더라도 아늑함이 서려 있다.

유일하게 숙박이 가능한 찜질방

마을 입구에는 정석만 씨가 목수일을 마감하며 지은 찜질방이 있다. 마을에서 유일하게 숙박이 가능한 곳이다. 방금 만들어낸 식사도 제공된다. 물이 너무 좋아 피부미인이 되는 순간을 경험하게 될 것이다.

1 마을의 입구를 지키는 200년 넘은 팽나무
2 마을에서 가장 오래된 우물
3 두 발로 서서 앞발을 위아래로 흔들며 인사하는 노리
4 임진왜란 때 무기를 만들던 대장간 가마터
5 물이 좋은 마을, 집집마다 우물이 있는 마을
6 인정이 많은 마을, 대문이 없는 마을

1

2

3

4

5

6

7

8

9

10

11

12

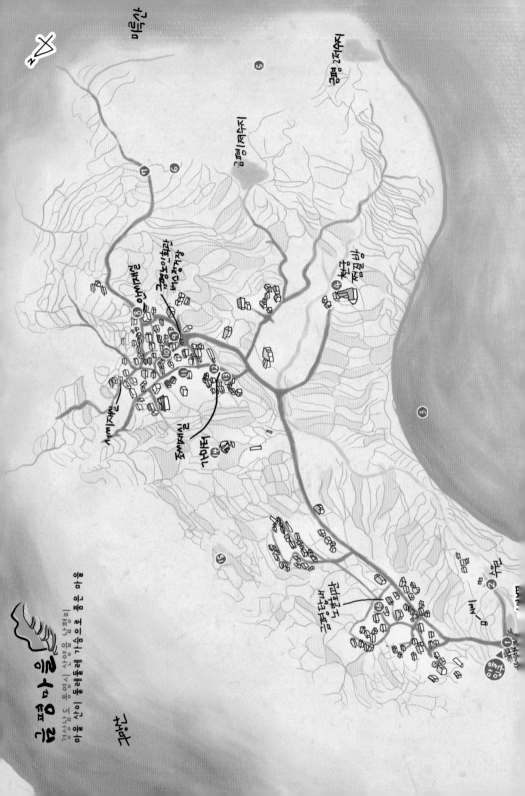

❶ 탑과 나무

금평마을은 상촌과 하촌으로 나뉘는데
마을 입구에 두 개의 돌탑이 있어
하촌을 탑내마을이라 부르기도 합니다.
이곳을 흐르는 탑내천 좌우로
200년도 넘은 팽나무 숲이 있어요.
그믐밤 산에서 산신제를 지내고,
정월 초하루 이곳에서 제를 지내요.

❷ 마르지 않은 수원

긴 가뭄이 들었던 시절에도 이곳과 마을 안
두 곳의 수원에서 물이 다하지 않아
농사를 지을 수 있었다고 합니다.

❸ 구석구석 산 이야기

산 아래 오래된 마을답게,
모양새도 사연도 각각인 바위들과 재미난
전설, 민담이 산속 곳곳에 숨어있어요.
범바위, 상여바위, 탕건바위, 신선바위,
둥돌바위... 빈대 많아 절이 없어진 절도골,
봉화를 올리던 구망산, 자주 드나들면 복도
많이 받고 극락도 갈 수 있다는 정토문암,
나병환자가 몸을 씻고 나았다는 샘터까지.
마을의 어르신들께 재미난 산 이야기를
청해보면 어떨까요.

❹ 따끈따끈 찜질방

좋은 물이 자랑인 마을의 찜질방.
아낙네 여럿 모여 김장이라도
하는 날이면 이곳에 모여 피로를 풀지요.
마을의 목수 삼형제 중 막내가 목수일 접기
전에 마지막으로 솜씨를 발휘한 곳이기도 해요.

❺ 소 먹이던 언덕

미륵산 중턱, 지금은 수목이 가득해서
풀밭을 볼 수 없지만, 오래전, 아이들이 모여
소를 먹이고 근처에 있는 각양각색 바위를
놀이터 삼았던 곳입니다.
길게 누운 기차바위, 날카로운 칼바위,
큰 바위 깨어져 여기저기 흩어진
너덜겅까지. 이름도 모양도 제각각이에요.

❻ 고마운 논

지금은 차 두 대가 한길에서 양보하며
오가지만, 예전에는 한 대가
다니기도 힘들었던 마을 비포장길.
함께 일구던 이곳 공동 논을 팔아
지금의 길을 닦았다 해요.

❼ 재 넘는 등교길

새벽 같이 일어나 고개를 넘어야 하고
컴컴할 때 종종걸음으로
돌아와야 했지만, 배움을 위해
부지런히, 먼 거리 마다않고 아이들이 오가던
옛길입니다. 새벽 세 시부터 나무를 지고 이
길을 넘어 통영 장터에 내다 팔기도 했지요.

❽ 재실이 셋이나

안씨재실이 있는 곳입니다.
이곳 말고도 서씨, 조씨재실까지.
마을 안에 재실이 셋이나 있어요.
이 마을에서 인재가 많이 나기로 유명한
이유가, 옛 어른 기억하고 모시는 일에,
마음을 다하기 때문이라
말씀하시는 분도 계세요.

❾ 금평노인회관

버스정거장을 겸하는
웃마을 금평노인회관이에요.
버스를 오래 기다려야 할 땐, 이곳을
시작으로 마을 한 바퀴 돌아보면 좋아요.

❿ 집짓던 삼형제

지정목수부터 인간문화재까지,
명품 목수가 한 집에 셋씩이나!
세월 지나고, 나이가 들어
지금은 아쉽게도 다들 손을 놓으셨답니다.
여전히 이곳에 남아 살고있는 막내는
낫 한자루로 뚝딱, 혼자서
집을 지으셨다고 해요.

⓫ 목조각가의 집

기이한 목조각품만 아니라 수석이며
버섯이며 진기한 볼거리들이 많아요.

⓬ 땅에서 솟는 맑음이 가득

2–30m만 땅을 파면 물이 나온답니다.
집집마다 빠놓지 않고 우물이 있어서
지금도 사용하지요. 이곳에는 가장
오래된 우물이 있어요.

⓭ 가구장이 할아버지

나이이 들었지만 지금도 대문쯤은
한나절이면 척척 만드시는 목수 할아버지가
살고겨 십니다. 알아주는 가구장이였던
젊은시 절 솜씨가 어디 가나요.

⓮ 야솟골 이야기

마을 친가로 시비를 세울 정도로 오래된
마을 이름 '야솟골', 임진란 전후로
무기를 만들던 대장간이 있었다 해서 야소곡,
또는 야솟골이라 하지요. 잡목이 우거져
가려지긴 했지만 이곳에는
사람이 드나들 정도였다는
큰 굴, 그리고 굴뚝모양이 남아있는
가마터가 있어요.

⓯ 다랑이논

고집스런 농부들이 이뤄낸 장관.
둘레 둘레 산 아래, 둘레둘레 다랑이논.
보이지 않아도 가까운 바다로 나가기 보다
산이 품은 공간을 지키며
삶의 공간으로 바꿔나간
역사의 기록. 물을 가둔 다랑이논은
봄철 제철 무렵이면 유난히 아름다워요.

⓰ 금평탑내노인회관

모여 사는 곳이 나뉘어 있는 금평마을에는
마을회관이 둘이랍니다. 이곳은 아랫마을
사람들이 이용하는 곳이에요.

⓽ → ⓾ → ⓫ → ⓬ → ⓭ → ⓮ → ⓰ → ❶ → ⓽

걷기만 가능한 마을, 차가 들어갈 수 없어요.

경기 김포
매화미르마을

검문소를 거쳐야 닿을 수 있는 마을

마을의 낮은 지붕들 사이로 불쑥 확성기탑이 서 있다.
철책 사이로 오가던 대남, 대북방송은 오래 전에 멎었음에도
여전히 마을 곳곳에 묻혀 있는 사연과, 고요함이 자아내고 있는 풍경이
기묘한 긴장을 대변하는 것처럼 보인다.

남과 북의 경계에 감춰진 낯선 마을

이북땅인 개성 개풍군이 마을 안쪽 군부대 막사에서 1.2km 정도밖에 떨어져 있지 않다. 우리 마을의 논두렁과 뒷산에서는 맑은 날엔 육안으로도 송악산이 보인다. 둘러진 철책이 아니라면 강 건너편이 북한땅임을 믿기 못하는 사람이 있을 정도로 남북의 경계가 가까운 곳이 우리가 사는 마을이다.

김포시 월곶면에 소재하기 때문에 도시와 가깝지만, 오가는 일이 생각보다 쉽지는 않다. 아직 민간인통제선 안쪽에 있는 마을이기 때문이다. 간혹 민통선이라는 말만 듣고서 사람이 들어갈 수 없다고 생각한다. 신분증을 가지고 군부대 검문소를 거쳐야 하는 것 외에는 다를 것이 없다. 여느 농촌마을처럼 사람들이 모여 농사지으며 살아왔다.

▼ 마을로 들어가고 나갈 때 반드시 거쳐야 하는 입구의 검문소

▲ 봄철이면 논길을 따라 양 옆으로 만이천여 평의 매화마름 군락지가 펼쳐진다

경계가 지켜온 역사와 자연, 그리고 사람

우리 마을은 고려, 조선 때는 큰 배가 드나들던 강령포였다. 역사가 깊음은 물론이요, 예나 지금이나 변함없이 건강하고 깨끗한 환경에 살기 좋은 마을이다. 마을 안쪽 얼지 않는 샘, 용못을 젖줄 삼아 경작되는 논이 기름진 쌀을 내어놓을 뿐 아니라 4, 5월이면 멸종 위기 식물인 매화마름이 만이천여 평에 걸쳐 군락지를 이루고 있어 소금을 뿌려 놓은 듯 새하얗게 아름답다. 겨울철이면 날아오는 기러기며 천연기념물인 저어새까지 발견되기도 하는, 자연이 살아 있는 곳이다.

가끔 출입 절차가 불편하다는 외지인도 보았지만 우리는 군인들과 살아와서인지 어려운 줄 모른다. 오히려 군인들이 마을을 철통같이 지켜주는 것이 좋다 여길 때도 있다. 전쟁의 기억도 묵묵히 흘려보내 지난 세월로 삼으며 이곳을 지켜왔다. 오래도록 함께 살아온 사람들은 집성촌 식구나 다름없이 서로 가깝고 살뜰하다.

마을이야기꾼
김영화(64세), 김중환(53세, 위원장), 민규식(78세),
윤자일(76세), 이영애(84세), 임병인(70세), 전채옥(79세)

뱃노래 한 소설 들려줄까?

윤자일 여기가 김포에서 제일 사람 살기 좋았던 곳이에요. 물도 좋고 산도 좋고 하지. 거기다 예전에 차 없을 때는 배 아니에요, 배? 모든 화물이 전라도, 함경도, 황해도고 다 여길 거쳐 갔어. 예로 인천서 노를 저어 80리, 100리를 오고 나면 여기 강령포나 조강포에서 배가 딱 서는 거예요. 한 조수 지나기를 기다려 둘째 조수가 밀면 그 배가 마포도 가고 어디든 갔지. 여기가 중간지점이에요. 황해도며 충청도 나무배들은 전부 여기 와서 팔았지. 용산 앞에 수로 수문 없을 때는 새다리목이라고 거기까지도 배가 들어왔었어. 우리 아버지 때만 해도 이 마을에 300호가 넘게 살았어. 젓국장사들도 하고. 난 여기서 내내 살았어. 여기가 집이에요.

또 오랫적에는 이기울(이계월)이라고 있었어, 유명한 기생. 포구라서 술집도 많고 뱃사람들이 끓잖아요. 잘생겼다고 소문이 나서 외방에서도 찾아오고 그랬다 그래. 김포 강화에서 모르는 데 없었드랬어요. 용강리 하면 몰라도 강령포라 하고 이기울이라 하면 나이 많은 사람은 다 알걸?

예전에는 당제도 지내고 포구 쪽에 당집도 있었고 농악 치군패가 있었어. 남사당놀이 하는 거 그거. 용강리가 김포에서는 제일 먼저 했었다고 하지. 당제를 안 지내게 된 건 6·25사변 나고부터야. 당제는 배부른 사람들이 지내는 거지. 배부른 사람들이.

어기어 디어차 뱃노래는 흉내도 못 낼 거야. 아침이면 뱃사람 노 젓는 소리를 들으면 아주 처량했거든. 노 저을 때 삐거덕 삐거덕 하는 그 소리도 뭔가 장단에 맞는 것 같더라고. 난 듣기만 들었지, 목소리가 좋지 않아서 못하는데 들어볼 거야?

"어기야 더차 에이 헤헤야 어~야 헤야 어어~ 어기어디어어어 어차."

전쟁이 나도 도망갈 수 없었어

윤자일 6·25사변 때는 이튿날 아침에 벌써부터 건너오는데, 전쟁 났어도 도망갈 새가 있어야지. 코앞에 북한이 있으니 30분도 못 되어 건너오는 걸 어떡혀. 뻥! 소리가 나고 파편 튀고 문수산 가서 너덧 시간 피하고 오니 인민군들이 집에 들어와서 있는 쌀로 몽땅 밥을 하고 있더라고. 여기 사람은 얼마 안 죽었어. 그 시절에 나는 군대도 가기 전에 이북에 끌려다니면서 인민군 시체에서 목이랑 귀도 잘라야 했어. 전쟁 막판에 죽을 뻔했다가 용케 살아왔지. 그러고 보면 내가 참 명이 긴 거야.

김영화 그때 여섯 살이었어. 강 옆에 살고 있었는데 여기 윗마을 사람

◀ 모여앉은 마을 어르신들의 각기 다른 사연

들은 하나도 못 봤지만 나는 기억해. 새까맣게 일렬로다가 보트가 들어왔어. 우리 작은아버지하고 나하고 지게에 이불 지고 골짜기로 가다가 논밭 지나는데, 총알이 날아와서 바짓가랑이에 구멍 나고 그랬더랬어.

이영애 여자들 중에 전쟁 겪은 건 나 하나밖에 몰라. 난리 났다고 피난을 가야 한다고 그래. 저녁때 나가는 거야. 쌀을 한 덩이 이고서 아이 둘 업고 밤에 산속에 골짜기로 들어간 거야. 배니골로 한참 올라가다 보면 멍석바위라고 납작하고 멍석 한 자리처럼 빤빤한 바위야. 거기 앉아 있는데 머리 위로다 와당탕 와당탕 이리 쏘고 저리 쏘고 왔다 갔다 했어. 그런데 사람이 하나도 안 다쳤어. 다음날에 내려왔더니 인민군들이 오더니 밥 좀 달라고 그래. 그냥 무서워서 부들부들 떨었지. 떨면서도 어디 가지도 않고 머리에 이고 갔던 쌀로 같이 밥을 해서 먹었어.

문수산에 골짜기가 많아. 아흔아홉 골에 한 골이 모자라 백 골이 못 됐다고도 했지. 김포서 제일 높은 문수산이 있기 때문에 군인들이 나갔어도 다잘 돌아오고, 하나 죽지도 않았어. 문수산 지덕을 본 거야. 그때 업고 갔던 아들딸이 손주를 봤으니, 나는 증손주를 봤지.

민규식 철책에서 보이는

▲ 맑은 날은 전망대보다도 더 선명하게 북한땅을 볼 수 있는 곳

유도섬 건너 개성이 집이었어요. 열아홉 살에 전쟁이 났는데, 가족도 다 두고 혼자 이리 나왔어요.

패잔병에 묻어 같이 나왔고 가족은 계속 거기 있었는데, 전쟁 중에 몇 번을 들어갔다 나왔다 했어. 그러다 결국엔 중공군이 왕창 밀려서 쫓겨 나오기도 바빠 배도 간신히 탔어요. 옷 한 벌에 알몸뚱이로 건너왔어. 연고도 하나 없고 남의 방 얻어 살면서 밥만 먹어도 감지덕지하고 삯도 잘 못 받았었어요. 막바로 나와서는 여기 옆 동네 가서 하루 종일 일하고 쌀 두 되를 받았어. 여기 본토박이들은 그래도 잘 살았으니 삯을 줄 수 있었지.

스무 살에 이곳 처녀에게 장가를 들고 곧 군대를 가서 51개월을 있다 제대하고 이곳으로 왔어. 통일 되면 건너가야지 건너가야지 하다가 주저앉아 사는 거예요. 개풍군서 넘어온 사람 많았는데 이제 나만 남았어요.

윤자일 나는 여기가 고향이지만 개풍군에 누이가 있어서 거길 가서 일곱 살 때부터 밥 얻어먹고 일꾼 살고 그랬어.

▲ 수풀 사이 철책 너머 유도는 북한의 소가 홍수탓에 떠내려 왔다던 섬이다

살아온 날들, 우여곡절도 많았지

윤자일 예전에 철책도 없고 수로도 없어서 밀물 들어오던 때는 마을에 시체도 많이 떠내려 왔었어요. 김포가 반도다 보니까 물길에서 걸리는 거야. 이름 모를 송장들이지. 강원도 같은 데서 서울로 나무 뗏목해서 보낸 때 미처 못 건진 게 여기까지 와서 건지고 그랬어. 이곳 사람들이 가서 많이 묻어 줬지. 갯버덩 옆에 많이 묻고, 사변 나고 나서도 나이 지긋한 양반들이 송장 많이 묻었어. 내가 송장 한 백 명은 묻었을걸. 전쟁 끝나고는 논바닥에는 포탄이 수십 군데나 떨어져서 그거 밀고 정리하느라 힘들었어. 그때 분들 거의 다 돌아가셨지.

임병인 그때는 군인도 보급이 안 좋아서 민간에 피해를 주고 그랬어. 해병들이 마을에 많이 왔었지. 밤에 와서 문 두드리는 군인에게 문을 열어야 해. 밥 몇 그릇을 해서 어디 어디 산으로 가지고 와라 하면 갖다가 해줘야지요. 안 해다 주면 못 살어. 그것도 한두 번이지 거의 매일같이 와서 고지로 가지고 오라 하고, 우리는 못 먹어도 가져다 줘야 했어요. 그렇게 고약했었어. 그릇을 거기다 두고 오면 다 깨뜨려 버리고 가져다 주지도 않고, 고추장, 된장도 다 가져다 주고 아직도 산에 항아리 단지 깨진 조각들이 있다니까.

도둑도 심해서 예전에 집을 질 때는 네모지게 울타리도 했어요. 배고픈 시절이었으니 밖에 장독도 못 둘 정도였지만 지금은 전혀 그렇지 않지.

윤자일 군에서 땅도 많이 징발해 갔어. 요새 환원도 받지만, 공시지가가 매년 오르니 예전에는 얼마 안 줬던 거를 많이 받고 도로 팔아. 철조망 근처 들이며 강녕포구며 다 징발시켰었어.

이영애 군인이 나쁜 게 아니고, 때에 따라 다 그럴 수밖에 없었던 거야.

전채옥 여기 밭이 많아. 예전에 일할 때 나는 베적삼이 다 물렀어. 전쟁때는 인민군이 의용군 나가라고 붙들러 다니니까 남편은 숨어 다니고, 친정까지 가서 피란댕기고 그랬지. 식구가 열넷, 피란민까지 스무 명이나 되었어. 그런 세상을 살았다고. 또 예전에는 여기서 군하리 나가려면 걸어서 당고개, 무시미고개 둘이나 넘어서 갔지. 군하리에서 짐을 지면 거기서는 누가 머리에 이어주고 하지만 중간에 오면 집도 없고 그랬더랬어. 사람이 없으니 못 쉬어서 여기 와서 내려놓으면 머리가 쑥 들어가고 그랬지. 한 번은 만신집에 갔다가 어두울 때 오는데 술 취한 군인을 만나서 그냥 내가 뛰어서 들어왔었던 적도 있어. 지금은 택시도 가고 새마을 버스도 한 시간에 한 대 있고 길 좋아졌어.

용이 승천한 연못을 젖줄삼아

김중환 체험관 앞에 용못은 용이 승천한 자리라서 가물어도 그 양, 장

▲ 용머리, 농수로를 따라 길게 누운 용산의 끝자리로 마을 곳곳에서 용과 관련된 지명과 이야기들이 있다

▶ 한겨울에도 김이 오르는 용못. 가뭄에도 홍수에도 수위가 그대로다

마가 저도 그 양이야. 18도 되는 물이 바닥 전체에서 샘솟고 계속 뜨끈한 용천수지. 가물었을 때는 5인치 양수기 두 대가 퍼내도 못 말리는 양이지. 마르질 않아. 그 물로 농사를 짓기 때문에 그만큼 쌀이 기름지고 좋아. 그 물을 논에 가두기 때문에 매화마름 군락지가 생기는 것이고.

이영애 지금이야 지하수를 쓰지만 예전엔 마을에서 두레박 우물물을 썼는데 얕고 겨울이면 땡땡 얼어. 그런 물을 빨래하는 데 한 바가지나 쓸 수 있어? 겨울에는 용못에 빨래 이고 가서 거기서 했지. 겨울에는 김이 모락모락 나고, 여름에는 아주 차고, 세계에서도 드문 물이야.

거기 용이 새벽에 올라가서 용강리가 된 건데, 그게 이기울이 없어지고 나서야. 놀라운 사람인데, 여기서 비석이라도 세웠으면 안다고. 알면 그걸 보고 역사를 쓸 텐데……. 그 기생이 죽고 나서 새벽에 용이 올라갔어.

용못에서는 마을제도 지냈어. 나이 잡순 남자 양반이 깨끗하게 하고 갓 쓰고 옷 챙겨 입고. 그 물이 다 논으로 흘러들어가는 소중한 물이야. 용못 물로 지금까지도 우리가 다 먹고 사는 거야.

마을 앞 철책 너머로 남, 북한강과 예성강을 품은 할아버지 강, '조강'이 묵묵히 흐르고 있다. 오랜 역사와 보존된 자연, 심지 굳은 사람들을 품은 세월의 강이 마을 구석구석을 감아 돌아 나간다. 여느 평범한 농촌 마을이면서도, 전쟁과 분단이라는 시대의 흐름이 남길 수밖에 없는 남다른 흔적이 드러난다. 또다시 시대가 급변한다면 그 흔적들이 순식간에 덮이거나 사라질지도 모른다. 되돌아오는 검문소에서 다시 한 번 더 돌아보게 되는, 경계의 불안정함과 아름다움이 공존하는 마을이다.

감성나눔

홍수에 떠내려 온 소가 머문 섬

북한땅에서 소가 떠내려 왔다는 유도를 볼 수 있다. 누구도 발을 들여놓을 수 없는 땅인데, 홍수로 떠내려 온 소 덕분에 사람이 들어갔다 나왔다. 소를 구출하기 위해 북한군과 협의도 해야 했으니 남북 대화의 장을 열었다(?)고 해야 할까. 그 뒤로 그 소는 '평화의 소'라 불리며 살았다고 한다.

용강리, 용못, 용섬, 용머리

용이 승천했다는 용못, 용이 누워 있다는 형상의 용산, 수로 때문에 잘린 머리격이 되었다는 용머리까지. 마을 곳곳 용에 대한 이야기가 전해져 온다. 매화미르라는 마을 이름도 식물이름 '매화마름'과 용을 뜻하는 순우리말 '미르'를 합하여 지었다고 한다.

갯벌 이야기

지금은 철책이 둘러져서 접근할 수 없지만 가을철 강가 갯벌에서는 들고 나르기 힘들 만큼 뱀장어를 잡아 놀릴 수 있었다. 철책이 없던 시절에도 경계는 삼엄했던 곳이라, 군인을 만나면 잡은 뱀장어의 반은 내어 주거나, 숫제 내버리고 도망 와야 했다는 이야기도 전해진다.

정보나눔

▮ 마을로 들어갈 때는 반드시 신분증을 지참하고 사전에 마을 방문을 예약하도록 한다. 머물 곳과 숙소를 정해두지 않는다면 이곳에서 밤을 보낼 수 없다. 오후 여섯시 전에는 마을을 벗어나야 하니 이 점에 주의하자.

▮ 마을 뒤에 나지막한 뒷산을 10분 가량 올라가면 용강전망대에서 유도를 관찰할 수 있으며, 맑은 날에는 개성의 송악산과 개성시 취락지구도 볼 수 있다.

▮ 마을에서는 예로부터 내려오는 농주가 유명하다. 직접 농주 담그기 등 여러 가지 체험 프로그램이 준비되어 있어 홈페이지를 통해 확인할 수 있다.

문의

U http://mir.go2vil.org

T 031)981-7633

1 논 가운데서 한꺼번에 날아오르는 겨울철 기러기떼
2 용산 끝을 둑으로 막고 수문을 설치한 뒤 만든 마을 상수원
3 겉으로 조용한 듯 보여도 온기를 나누는 따뜻한 공간
4 마을 안을 돌아다닐 수 있는 유일한 대중교통 수단, 마을버스
5 할아버지가 들고 계신 술은 마을의 자랑거리인 전통농주, 연향주
6 연향주의 재료로 쓰기 위해 재배한 뒤 건조시키고 있는 연꽃

1

2

3

4

5

6

7

8

9

10

11

12

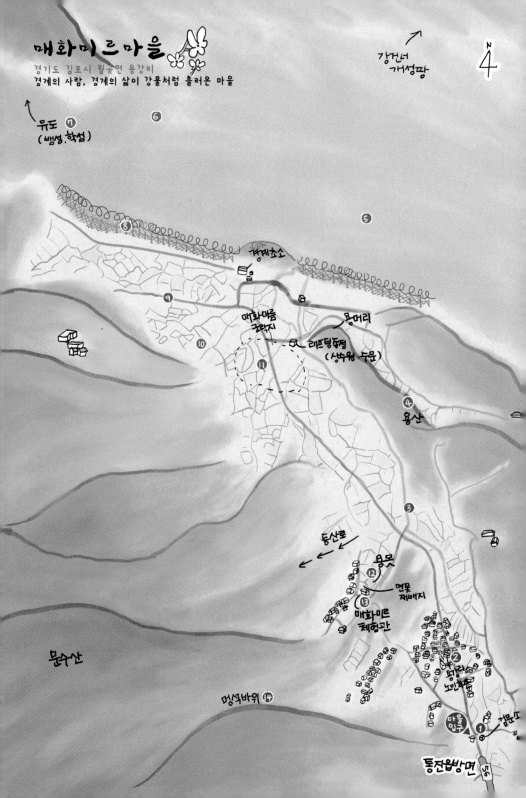

매화미르마을

경기도 김포시 월곶면 용강리
경계의 사람, 경계의 삶이 강물처럼 흘러온 마을

강건너
개성땅

유도 ⑦
(뱀섬,학섬)

⑥

N
4

⑤

⑧

검문초소

매화마을
군락지

용머리

⑨

래프팅주점
(상빠원·두문)

⑩

⑪

④
용산

③

동산로

용못
⑫

연못
재배지

⑬
매화미르
체험관

②
외가리
노인정

문수산

멍석바위 ⑭

마을
입구 ①
검문소

통진읍방면
56

❶ 마을 입구 검문소

민통선지역이다 보니 경계지점에 있는 군부대 검문소를
지나야 마을을 방문할 수 있어요.
번거롭거나 불편하지않을까 궁금해 하면
총 든 군인이 철통 같이 지켜주는 곳이 대한민국에
어디 흔하냐며 껄껄 웃는 마을 주민도 있습니다.

❷ 용강리 노인회관

살고 떠나는 일에 큰 제약은 없었지만,
이사 가는 사람도 오는 사람도 드물었어요.
익숙한 이웃을 바라보며 살다보니 더 다정한 마을이지요.
겨울 철이면 힐이비시, 힐머니, 주민들이
모두 모여 식사를 하는 곳입니다.

❸ 수로를 따라

본래는 농사용 수로지만
오른편에 용산을 두고, 왼편에 너른 논을 두고
수로를 따라 고무보트 타고 래프팅도 할 수 있어요.

❹ 길게 누운 용산

수로 옆에 길게 뻗은 구릉을 '용섬'이라 부르기도 합니다.
강으로 흘러들던 물길을 수문으로 막았더니
용머리가 잘린 격이라 그 자리에서 피가 철철(!) 났다는
옛 이야기도 있어요.

❺ 조강 이야기

마을 위로 흐르는 강은 유난히 깊고 넓습니다.
한강과 임진강, 예성강이 이곳에서 만나기 때문입니다.
남과 북의 강을 모두 품고 서해로 흘러드는 큰 물줄기이니
할아버지의 강, 조상의 강이란 뜻으로 '조강祖江'이라는
이름을 가지게 되었답니다. 지금은 남북의 경계를 흐르고
있어서, 그저 한강 하구로만 알고 있는 사람이 많아요.
어엿한 이름 '조강'으로 다시 불리게 될 날이 곧 오겠지요.

❻ 강령포를 찾아 온 배가 머무르던 곳

고려와 조선시대, 마을 위쪽의 강변 일대는 '강령포'라는
큰 포구였습니다. 개성과 한양으로 가기 위한 물자선들이
이곳을 꼭 거쳐야 했지요. 이곳 유도 부근에는 물때를
기다는 배가 많이 머물렀다고 합니다.

이곳 어르신들의 아버님 시절까지만 해도 포구가 살아 있어
300호가 넘는 가구가 살았다고 하지요.
그 시절 뱃노래를 기억하시는 분이
아직 마을에 계시기도 합니다.

고려시대 말에는, 학식과 미모가 뛰어났던
이계월(이기울)이라는 기생이 살았다는 이야기도 함께
전해 내려옵니다. 마을 안 용못에서 용이 승천한 까닭은
이계월이 죽었기 때문이라 말씀하시는 할머님도 계셔요.
이런 저런 이유 탓에, 어르신들은 누군가 용강리는 잘
모른다 할지라도 '강령포 간다', '이기울 간다' 하면
안다고 말씀하시기도 하지요.

❼ 물길 따라 떠내려 온 소 이야기

1996년 큰 홍수가 났을 때, 세 마리의 소가
북한에서 유도로 떠내려왔답니다. 지리 탓에
두 마리가 죽고, 앞발을 다쳐 꼼짝도 못하고 여위어가는
한 마리를 북한군과 협의해서 구출했지요. '평화의 소'라
불리며 제주도 소와 혼인해서 살다 2008년에 눈을 감았어요.

❽ 뱀장어 한 대야

철책선이 둘러지기 전 이곳 강변에 뱀장어가 많아
한 번 잡으면 대야를 가득 채웠다 하지요. 그렇지만 철책
없다 해도 경계가 삼엄했던 곳이라 군인이라도 만나면,
'어이쿠야.' 하고 놀라서 내려두고 냅다 도망쳐야 했어요.

❾ 저기 저곳 고향땅

이곳 논길에만 서면, 맑은 날엔 송악산이 보일만큼
북한땅이 가깝습니다. 개성 개풍군이 고향이었던 분들도
많았지만 눈앞에 보이는 고향땅을 밟지 못하고 돌아가셨습니다.

❿ 철새들 머물다 가는 논

저어새며 기러기며, 겨울 논에는 새들이 한가득입니다.
가끔, 지나는 차량에 놀라 한꺼번에 날아오를 때는
그야말로 볼만하지요.

⓫ 매화마름 가득

멸종위기의 식물인 매화마름이 4.5월이면 논 가득 하얗게
융단처럼 피어납니다. 항상 일정한 물이 있어야 자라는
식물인데. 이곳 논에서 물을 가두는 방법이 매화마름이
서식하기 좋은 조건이라지요.

⓬ 신비한 연못

비를 몰고 오는 용이 살다가 승천했다는 전설이 있어
'용못'이라 합니다. 가뭄이 들어도, 홍수가 나도 늘거나
줄지 않는다 해요. 실제로도 흉년에 몇 번씩이나 물을
퍼냈는데도 그대로였다고 합니다. 그렇게 마을 논을
지켜준데다가, 한겨울에도 얼지 않고 김이 오르는 탓에
아낙네들 겨울 빨래터가 되기도 했지요.

⓭ 향기로운 농주

예전부터 마을은 농주로 유명했다고 합니다.
지금은 체험관 앞 가득 심은 연꽃까지 더해
연향주라 부른답니다. 방문객이 이곳에서
직접 빚어볼 수도 있답니다.

⓮ 문수산 멍석바위

전쟁이 일어나자, 북한을 코앞에 둔 마을은 피난 갈
짬이라고는 없는 곳이었어요. 이불지고,
쌀 이고, 아이 업고 이곳으로 숨어들었답니다.
밤새도록 머리위로 포성이 오갔지만
골짜기 멍석바위에서 하룻밤을 보낸 뒤 다들 무사했대요.
김포에서 제일 높은 문수산의 덕이 마을 사람들을
보살폈다고 여깁니다.

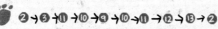

❷→❸→⓫→❿→❾→⓬→⓭→❷   걷기좋은 마을. 차는 세워두어도 좋아요

전북 부안
용계리마을

너른 평야에 우뚝 솟은 '백산'이 있는 마을

동학농민운동의 전초지였던 백산 아래에 모여 있는 여섯 개의 작은 마을.
바닷물이 들어오던 포구에서 비옥한 농지로 개척해 곡창지대가 되었으나,
일제시대에 곡식과 노동력을 수탈당한 마을.
백산의 낮은 능선과 작은 마을에 하얀 눈이 내려 과거의 지난함을 덮으면
평온한 백색 바람이 밀려온다.

용계마을

마을 옆으로 흐르는 고부천에서 용이 승천하였다 하여 '용계'라는 이름이 붙여졌다. 1980년대부터 마을공동기금을 모아 공동창고와 회관을 만들었다. 용계회관 옆에는 백 년이 넘은 모정이 있다. 지붕 수리를 해서 옛모습이 그대로 남아 있지 않지만 모정 안 현판을 보면 모정을 짓는 데 애를 쓴 주민들의 이름과 성금의 액수까지 적혀 있다. 그 안에 걸려 있는 괘종시계도 모정의 역사를 귓엣말로 전한다.

신상마을

800여 년 전 고려 예종 때 천안에서 선비들이 조용한 초야를 찾아 내려오던 중 바다를 끼고 우뚝 올라온 육지를 보고 바다에서 승천한 용의 형국이라며 '신용'이라 불렀다. 또한 이 마을은 과거에 삼면이 바다로 둘러쌓여 조수 때면 인근 용계마을과 육로로 통과했으나 만수 때는 마을이 물에 잠겼다. 그 모양이 '베개' 같다 하여 '베개뜸'이라 불렸다는 이야기도 전해진다. 가뭄이 들면 식수 구하기가 어려워 공동우물을 사용했다. 지금은 우물의 흔적만 남아 있다.

산내마을

산내마을의 원래 이름은 '메안'이고 지금도 그렇게 부르는 사람이 많다. '메(山)의 안(內)에 있는 마을' 즉 백산 안쪽에 있는 마을이란 뜻의 순우리말 이름이다. 백산의 능선지대라 과거엔 가옥이 많이 들어서 마을이 번창하게 되었다. 마을에는 백산면단위농업협동조합이 자리잡고 있어서 면민들이 농촌 문제를 서로 의논하는 곳으로 농촌 지역 사회의 중심부 역할을 하는 마을이기도 했다.

시기마을

　　마을 앞으로 동진강이 흐르고 기름진 호남평야를 갖고 있는 부안군, 김제군, 정읍군 3개군이 인접되는 교통의 요충지인 시기(市基)마을은 글자 그대로 '장터마을'이다. 예부터 농산물 교환과 상거래가 활발히 이루어졌다. 우리 마을은 일제시대 때 큰 도정공장과 벼건조장이 들어서면서 수탈한 벼를 도정하여 동진강에서 일본으로 수송하기 위한 관문이 되었다. 일제강점

기 이후 백산 시가지가 형성되면서 자연스럽게 장터가 만들어졌다. 이 장터는 70년대 말경까지도 형성되었으나 동진대교 준공 이후 교통량이 크게 줄면서 점차 쇠퇴하여 폐장되었다. 70년대 새마을사업이 실시될 때 마을 주민들이 모두 합심하여 1,200m의 길을 확장 개설하였고 1,100m의 토담을 헐고 시멘트 블록으로 담장을 개량했다. 초가지붕도

◀ 넓게 뻗은 노송의 묵묵한 자태

▲ 마치 죽창을 떠오르게 하는 용계마을 처마의 고드름

70동을 개량하였다.

회포마을

　　옛날에는 백산산 아래까지 바닷물이 들어와 배들이 회포마을에 들러 쉬어갔다. 그래서 마을 이름을 돌아올 '회'자와 갯 '포'자를 써서 '회포'라 불렀다. 지금은 바닷물이 들어오던 곳이 갯벌로 매몰되었다. 1976년 제수문을 설치하여 서해 바다로 흘러가던 동진강물을 마을 옆으로 흐르게 하여 농업용수로 활용되고 있다.

봉석마을

옛날 주민들은 마을 앞 하천을 나무로 다리를 놓아 통행하였다. 그래서 '나무다리라 윗뜸'이라는 예쁜 이름으로 부르기도 했다. 1914년 행정구역 개편으로 백산면이 부안군으로 편입되면서 마을 뒷산(백산) 중턱의 바위가 봉황이 앉은 듯한 형상이라 하여 '봉석'으로 고쳐 불렀다. 마을 옆 우뚝 서 있는 당산나무가 오랫동안 마을을 보호했다. 전염병이 심했거나 사람이 죽었을 때 또는 흉년이 들었을 때 당산제를 지내어 화를 면하기도 하였다.

▼ 백산성을 둘러싸고 있는 대나무밭

▲ 백산면에서 가장 오래된, 용계마을의 황토집
◀ 용계리마을 하늘 위로 자유롭게 날아오르는 참새떼
▼ 1958년 지어진 군포교

"앉으면 죽산이요, 서면 백산이라"

용계리에 속해 있는 여섯 개 마을은 대부분이 1910년대 말 이후에 자리를 잡았다. 방치되어 있는 갯벌 땅을 일제의 농지수탈 전문회사들이 개간하여 경작자를 모집하고 주민들을 이주시켜 조성된 이민의 마을들이다. 부안, 정읍, 신태인으로 통하는 교통의 요지이며 주변 일대가 모두 넓은 평야로 이루어져 주위가 한눈에 들어오며 뒤편으로는 동진강이 흘러 천연의 요새이다.

용계리마을을 상징하는 표상은 47.4m의 백산(白山)이다. 산 밑 동편의 턱밑으로 동진강의 하류가 흐르고 서북 편으로는 고부천이 발아래로 흐르는 동서남북이 허허로운 들판에 소복하게 담은 한 그릇의 밥그릇 같은 정겨운 산이다.

1894년 갑오동학혁명 당시 동학군의 기포지(起包地)로서도 역사적인 산성이다. 3월 21일 각지에서 모여든 농민군들로써 본격적인 농민군 부대를 편성하고 호남창의 대장소의 이름으로 격문과 농민군 행동강령을 발표했던 곳이다. 원래는 흰뫼산(심미산)으로 불리웠으나 당시 온 산이 흰옷에 죽창을 든 농민군들로 뒤덮여 "앉으면 죽산이요,

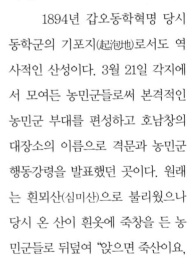

◀ 백산을 배경으로 둔 산내마을의 집

백산 위에 있는 동학혁명백산창의비
▲ 앞면 왼쪽의 부조 ▶ 전경

서면 백산이라"는 말의 유래가 되었다.

혁명 지도부는 농민군을 군대 편제로 재편성하고 총대장에 전봉준, 총관령에 김개남, 손화중을 추대하는 등 본격적인 싸움 준비를 갖춘다. "첫째, 사람을 함부로 죽이지 말고 가축을 잡아먹지 마라"로 비롯하는 '4대 명의'를 발표하여 내부 기율을 다잡는다.

동학농민군이 백산으로 집결하고 있다는 소식을 들은 전라감사 김문현은 농민군을 소탕하려고 전라감영군과 보부상으로 구성된 200~300여 명의 연합부대를 백산으로 출동시킨다. 전국 조직망을 갖춘 막강한 조직인 보부상은 정부로부터 상권을 보호받는 대신 정부의 요청이 있으면 언제든지 인력을 제공하는 협력관계였다. 신태인 화호 나룻가에 도착한 토벌군은 거기에 진을 친 다음 백산을 향해 마구 총을 쏘아댔다. 지형의 불리함을 느낀 농민군은 4월 5일 부안 성황산으로 진을 옮겼다가 곧장 고부 천태산을 넘어 6일엔 도교산(황토산)에다 진을 친다.

현재 백산의 정상에는 1989년 11월에 건립한 '동학혁명백산창의비'가 서 있다.

용계리마을은 백산을 중심으로 너른 벌판을 둘러싸고 옹기종기 모여 있는 여섯 개의 마을로 구성되어 있다. 백산으로 오를 수 있는 길이 여러 갈래다. 용계마을을 지나 올라가는 길, 백산 삼거리에서 올라가는 길, 산내마을에서 올라가는 길, 어느 길로 올라가도 좋다. 낮은 언덕이지만 백산에 오르면 마을의 집들과 동진강 줄기와 수문 등이 한눈에 들어온다. 겨울날에는 너른 평야에 겨울 철새들이 날아오르는 모습도 볼 수 있다.

감성나눔

동진강 낚시

바닷물이 드나드는 강으로 서해 해상교통의 요충지였다. 지금은 새만금사업으로 바닷물의 역류를 막기 위해 수문을 만들어 놓았다. 조수 때면 잉어, 붕어, 숭어 등의 물고기들이 많아서 낚시꾼들이 몰려들기로 유명하다.

백산 삼거리의 풍경

백산 삼거리에는 과거 포구 시절의 오래된 정미소, 약국, 가게, 식당들이 몇몇 남아 있다. 시간의 흐름을 거꾸로 달려온 듯한 풍경에 사진 셔터를 누르게 된다. 그 풍경을 간직하고 싶다면 그 길을 걸어 보자.

군포교와 동진강

구 군포교는 1958년에 완공되었다. 이 다리가 개통되기 전에는 군포 나루를 이용했다. 군포교가 낡아지자 1999년에 신 군포교를 놓았다. 든든한 신 군포교는 백산을 경유하지 않고 동진강을 건너 김제·부안·정읍으로 이어지게 했다. 하지만 옛 서정과 시간을 간직한 구 군포교가 주는 낭만은 감히 따라올 수 없다.

백산면에서 가장 오래된 집

용계마을에는 100년이 넘은, 여전히 재래식 아궁이에 장작으로 불을 지피는 집이 있다. 흙으로 지은 집이기에 더욱 따뜻함이 녹아 있다. 굴뚝에서 나오는 연기의 냄새도 남다른 것 같다.

정보나눔

▎ 백산성에 오르면 '동학혁명백산창의비'가 있다.
▎ 여러 길을 통해 백산성에 오를 수 있다.

문의

☎ 용계리회관 : 063-582-9945
☎ 용계리회포회관 : 063-581-9135

1 백산에서 내려다본 용계마을
2 강태공이 몰려든다는 동진강 수문 일대
3 용계마을 100년 된 모정의 현판
4 눈에 덮여 더욱 신선한 붉은 빛을 발하는 열매
5 백산성 위에서 한숨 돌릴 수 있는 정자
6 구 군포교와 신 군포교가 서로 마주보고 있는 동진강

1

2

3

4

5

6

7

8

9

10

11

12

① → ② → ③ → ④ → ⑤ → ⑥ → ⑦ → ⑧ → ⑨ → ⑩ → ⑪ → ⑫ → ⑬

⑬ 수문과 가태공

바닷물의 역류로 막기 위해 만들어 놓은 갑문시설이에요. 조수 때면 엄청난 양의 물 밀어, 수위 조기기둥이 많아서 갑태공으로 물레방앗간 유명한 장소입니다.

⑭ 회포마을

백두 바로 아래의 이 마을에는 아주 가까이 가지 바닷물과 강물이 들어왔던 곳으로 주막 할 수 있습니다. 마을 이름 회포回浦에 그 흔적이 남아있는데요. 배가 드나들던 포구였던 까닭에 그러한 이름이 붙여진 것이지요.

⑮ 배사사기다

계단으로 반듯하게 담여 있는 돌산동네입니다. 배산에 담여 있는 대부분의 사람들이 이용하는 돌집하는...

⑯ ㅇㅇㅇ여 주사, 시여 배사

1894년 동하농민운동 당시 우뚝 신이 안옷에 주었으로 노비기으도 두밭앞의 ... 서며 배사자이든 많이 생각났다고 합니다. 낮은 신이지만 주변이 보두 논으로 평야라 주위가 한눈에 들어오는 전략 요충지였다고 하지요. 장서으로 도움하였때면상이하비가 세워져 있습니다. 맨당 4명때 노미덩해묘을 기념하는 축제로 불어져요. _血_

⑰ 가태공 지비 阡

이 부분의 전체으로 제석 때문에 만들어진 곳입니다. 돌이 물길이 많아 예전에 일본까지 수출했다고 하네요. 배사 산가리 시장으로 올 때 이곳의 돌이 사용되었다는 이야기도 있어요.

---

① 시사마을

돗진강 제앙에 만들어지기 전에는 조수 때 마을 심대의 바다물에 잠기고 했어요. 물에 잠기 마음의 모양이 마치 베게 긴다 해서베게를 배가뜨이라는 우리말 이름을 가지고 있던 마을입니다. 바닷물 사이로 솟으 어딘 긴음 이 형상의 마음을 두고 음이 소쌍 갖 것처럼 보여다 해서 오래전부터 신들마을이라고도 했는데 지금은 신사神士 마음이란 새 이름으로 불리게 되었습니다.

② 옹개마을

옹개마을을 있음마을이라 부르리고 합니다. 옹개리에서 가장 먼저 생겨난 마을이기 때문이요. 마을 가까이 있는 그무 전에서 옹이 승천 하였던가 해 옹개라는 이름을 가지게 되었다고 합니다.

③ 옹개마을회관

1980년대부터 마을 공동기금을 만들고 나라의 도움을 받아 마을 공동장과 함께 만든 곳입니다.

④ 봉서마을

마을 앞으로 흐르는 하천에 나무다리를 놓고 건너다니던 시절에 나무다리 있음이라는 이름으로 불리던 곳입니다. 돗산면의 바이라이 마치 봉황의 개마다아닌다 해서 음제시내 행정구역 개편 당시 봉서라이라고 그제 부르게 되었다고 합니다.

⑤ 배사오는기

바정한 마음의 동마이이 우뚝 서 있는. 이제 동네 아를 신들의 돈사들가 되었어요 옛적부터 주미으 아기자 아득한 저녁시간 바스락거리는 가랑잎에 놀라 그게를 들썩거니 도아가신 분의 혼령을 보 임도 있다고 하지요.

⑥ 시내마을

배산의 품 아래 있는 마을이라서 '매(山)의 안(內)에 있는 마을' 맨안이라는 우리말을 부더다가 새로운 이름을 지어 '배사심애라가 닜습니다. 지금의 다리들이 없던 시절 배산 사람이라는 작은 군선 김제 점주군까지로 만드시 가쳐야 하는 교통의 요지였어요.

⑦ 배사사기리

임제시대, 부근의 쌀들을 군산항으로 보내 일본으로 가져가기 위한 시작으로 배사신애라가 닜습니다.

⑧ 사기마을

애로부터 상사래가 많이 이루어지던 마을입니다. 임제시대에는 이부이 순징미상상(아사이)이, 근 도 정도장에 건조장까지 지어놓고 벼나으로 도 정음 해리 이분으로 쌀음 가져갔다고 하지요. 그 과정에서 수수이 엄차해지다보니 마음에 5일상이 들어서기도 하고 산으로 왔배지기도 했다. 지금으 잘터 자리가 주택도로 바뀌어 그 흔적 찾기 어렵지, 이야기만 남아있습니다.

⑨ 나그아들다 포아

기쌤선이 보상정도로 래은 돈사동입니다. 겨이 모든 마을이 배둥사름 짓고 가구마다 큰 단지에 농사를 가지고 있어요. 오래전부터 기름이 많이 잔 사는 고이다 해서다 기름이 만이 난다 그런 탓에 실제시대에는 수음이 심하기도 했다고...

⑩ 구포교

작음 부어 김제가 만나는 돋지가 하류에 신교라 구포 두 곳의 구포고가 있어요 다리가 없을 때에는 나루터들을 이용했었지요 1938년생 구포교 1999년에 신고가 닌든게 서있지나다.

⑪ 동지가 이야기

평야 지를 늘습니다. 새만금사업으로 있어 막기가 되었지만 바닷물이 드나드는 강이었으나, 서해 해소으로 교통의 유종기였어요.

⑫ 가가나 화호리

화호리에는 임이농상주들이 모여 살던 집이 아직도 남아있는데요.

---

③ → ⑤ → ⑯ → ⑮ → ⑭ → ① → ② → ③

흙으로 지은 예지

오래된 마음같게 마을 이에는 백도로 넘음 흥집이 많이요. 아직도 나무로 불을 때는 굴이 반지해 동문으로 통음사도 유은근감니다.

함께 지은 모든

마을 회관 맛있든, 마을의 모정에 들게게 마든 꼭 짜 빈 정성을 신패보세요. 오래됐게 새로 지은 건그잔 보이지만 오래 전에 지은 것을 마을사람들이다나, 정서들이 보수한 것음들 알 수 있요. 모정을 처음 지던 나재로 그 때 힘음 보던 마을 사람들의 이름이 새겨진 오래된 기둥이 그대로 서있거든요.

살고 싶고 가보고 싶은 빨강마을

Part4. 활기

귀농, 젊은 일꾼, 전통의 복원으로 새로운 '활기'를 얻은 마을

해라우지마을 | 산채으뜸마을 | 오미자마을 | 동강할미꽃마을

전통어로방식인 석방렴을 복원하여 마을이 방문객의 열기로 뜨겁습니다.
떠났던 고향에 다시 돌아와 손수 집을 짓고 곤드레나물 농사를 짓습니다.
20대부터 40대까지 젊은 일꾼들이 마을을 이끌어갑니다.
무작정 좋아서 고향도 아닌 오지 마을을 찾아 귀농했습니다.

귀농인, 젊은 일꾼, 전통의 복원으로 새로운 '활기'를 얻은 마을입니다.

경남 남해 해라우지마을

산신, 지신, 용왕신을 한꺼번에 모시는 마을

주민 누구나가 넓은 바다를 품고 사는 마을.
마을 안에는 아름다운 소리를 들려주는 개울과
어미와 아이 소나무가 어울어진 곳이 있다.
따뜻한 햇살을 맞으며 넓은 바다와 푸른 산을 벗 삼아
아름다움을 느낄 수 있는 농어촌 마을이다.

192

 우리 마을, 해라우지마을

전통어로 방식의 부활, 석방렴!

    우리 마을은 '반농반어' 마을이다. 25가구가 어업에 종사하며, 대부분이 농사를 짓는다. 펜션을 운영하거나 귀농을 한 가구까지 합하면 총 110가구가 살고 있다. 우리 마을은 예로부터 산과 바다에 유난히 돌이 많았다. 200년 전부터 그 돌들을 순수 인력으로 지어 날라 석방렴을 만들어 고기를 잡았다. 그러나 1959년 추석, 3톤짜리 배가 뭍으로 올라 올 정도로 영향력이 컸던 사라호 태풍으로 세 군데의 석 방렴이 모두 유실되었다. 그후 2007년에 '녹색농촌체험

🏠 석방렴 : 돌로 담을 쌓아 밀물 때 들어온 고기들을 잡는 전통어 로방식

마을'로 선정된 것을 계기로 다시 두 개의 석방렴을 복원하였다. 먼 옛날 조상들은 작고 둥근 돌을 쌓아 만들었지만, 지금은 각이 진 큰 돌로 쌓아 서로가 단단하게 물고 있도록 했다. 큰 파도가 비껴나갈 수 있도록 적합한 경사도 주었다. 매년 석방렴을 활용한 '해라우지숭어축제'도 열고 있다. 석방렴은 우리 마을과 도시민들이 만나는 데 든든한 다리 역할을 해주고 있다.

또, 태평양에서부터 건너온 바람에 의해 오랜 세월 다듬어진 몽돌들이 2km의 해안선을 수놓고 있다. 바닷가 마을이지만 농사가 잘 될 수 있도록 1,800여 평의 자연발생 방풍림이 바람을 막아준다. 이 또한 충분한 볼거리이다.

썰물때 물이 빠지면 고기를 잡는 석방렴
◀▲ 큰석방렴
◀ 작은석방렴

산신, 지신, 용왕신을 모시는 동제

음력 10월 15일에는 마을을 지켜주는 수호신(산신, 지신, 용왕신)을 한 꺼번에 모시는 동제를 지낸다. 먼저, 제주가 수원지에 올라 목욕재계하고 과일과 술 한 잔을 올리며 산신을 모신다. 제주가 산으로 올라갈 때는 마을에 안내 방송이 나온다. "지금 제주가 산신제 모시기 위해 수원지로 이동하오니 10분간은 일체 바깥출입을 하지 말아 주시기 바랍니다." 제주가 산에 오르는 도중에 사람을 만나면 부정 탄다 해서 그냥 집으로 돌아갔다가 다시 출발해야 하기 때문이다. 산신을 모시고 내려와서는 마을에 들어오는 진입로 부근에 놓인 세 개의 밥무덤에 차례로 제를 지낸다. 수원지에서 씻어 지은 밥을 창호지에 싸서 제단의 돌 안으로 넣는다. 그 위에 막걸리를 붓고 소금도 뿌린다. 반농반어 마을인 만큼 지신과 용왕신에게 공동으로 제를 올리는 것이다. 그후에는 마을회관에 주민 전체가 모여 풍년과 만선을 기원하는 마음으로 제를 모신다. 해라우지마을에서만 볼 수 있는 이색적인 동제다.

🏠 수원지 : 옛날부터
마을 사람들이 먹었던
물의 발원지

▲ 백 년이 넘은 동목 모과나무 아래의 밥무덤
▲▶ 마을과 바다를 한눈에 내려다보는 소나무와 옆을 지키고 있는 밥무덤

9대째 쓰고 있는 마을의 역사_김옥진(59세, 사무장)

수덕(水德)이 많은 할아버지_우리는 9대째 한 터에 살고 있습니다. 지금 제
가 살고 있는 안채는 우리 아버님 어릴 때 할아버지가 지은 집이에요. 80년
은 훨씬 넘은 집이지요. 그 집 옆 아래채는 제가 민박을 운영하기 위해 원목
으로 지은 거예요. 앞마당에는 아버지가 우리 첫째가 태어났을 때를 기념하
며 심은 모과나무가 있어요. 이제는 33년이나 된 모과나무는 열매도 제법 크
게 열리는데, 열매가 뒷집 지붕으로 떨어지며 퉁퉁 소리를 낸다고 해서 뒤쪽
가지는 잘랐어요. 할아버지, 아버지, 그리고 나의 손길이 고스란히 묻어 있
는 집입니다.

할아버지는 물에 대한 덕이 많은 분이셨어요. 선원이셨는데 그때는 고

▲ 3대의 손길이 고스란히 묻어 있는 집 | ▲▶ 아버지가 손자의 탄생을 기념하며 심은 33년 된 모과나무

기가 굉장히 많이 잡혔대요. 갈치를 자갈밭에 깔아 놓고 태양열에 의해서만 건조를 시켰는데 갈치가 너무 많아서 건조가 잘 안 돼서 썩었어요. 썩은 갈치를 밭에 가져다 거름으로 쓸 정도였으니까요. 멸치는 말할 것도 없고요. 용왕신에게 보은을 해야 한다고 마음먹은 할아버지는 추축이 되어 농악대를 만들었습니다. 우리 동네 사람 중에 상쇠 잘 치는 사람 등이 모였어요. 내가 초등학교 다닐 때라 기억이 선명해요. 농악대가 마을마다 돌면서 농악놀이를 해주고 거기서 받은 쌀을 돈으로 환전하여 모으고 또 모았어요. 그래서 절을 지었어요. 그 절이 도성암입니다. 지금도 절에 가면 우리 할아버지 이름이 쓰여 있어요. 도성암이라는 현판도 할아버지가 직접 글을 써서 여수에 가서 목각을 해다 붙인 거예요. 그걸 내가 어릴 때 등에 지고 올라가서 달았으니 잊을 수가 없죠. 마을 이장도 한 20년간 하시며 좋은 일을 많이 하셨어요. 그 후광을 지금까지도 제가 받고 있으니까요.

무량태수 아버지, 그리고 나 아버지는 할아버지 사업을 돕는 사무장 역할을 하셨어요. 그런데 우리 아버지는 무량태수여서 소낙비가 쏟아져도 달리지 않는 사람이었어요. 바닷가에 멸치 깔아 놨는데 소낙비 맞아 버리면 박살나잖아요. 그런데도 달리지 않는 사람, 그렇게 무사안일 사셨어요.

　나는 고등학교까지만 남해에서 다녔어요. 그후에 군대에 가서 군생활을 24년 2개월을 했어요. 소위, 중위, 대위까지 14년, 중령 10년. 그런데 항상 나이가 들면 마지막은 고향에 가서 살아야지, 하는 마음이 꺼지지 않는 횃불처럼 남아 있었어요. 군생활 후 몇 가지 일을 더 하던 중에 아내와 마음을 합해 고향으로 내려왔지요. 근데 난 지금도 행군하는 꿈을 꿔요.

　고향에 오고 싶어서 왔는데 너무 오랜만이라 사람들과 친화가 안 되더군요. 35년 공백이 있으니 어른들은 다 아는데, 자식들은 어디 사는 줄도 모르고 아이들은 이름도 모르니까. 사람들도 알아가고 마을도 돕자는 마음으로 이장을 하기로 결심했어요. 운 좋게 이장이 되어 조상의 지혜가 담긴 석방렴도 복원하고 체험프로그램, 축제도 만들었어요. 3년쯤 지나니 저 집에 숟가락이 몇 개고 밥그릇이 몇 개인지까지 다 알게 되었어요.

50년 전, 우리가 학교를 다닐 때는 지금 저 창고자리 앞에서 "간다"를 세 번 외치면 동네 아이들이 전부 모였어요. 줄 맞춰서 학교를 갔어요. 모두 함께 등교를 같이 했기 때문에 옆 동네 아이들과 싸움이 붙어도 두렵지 않았죠. 그렇게 십리 길을 함께 걸어 다녔어요. 그때 함께 학교 다녔던 사람들이 아직 고향에 일부 남아 있어요. 떠나갔던 사람들도 나처럼 하나 둘 돌아오기 시작했고요. 저는 그게 우리 마을의 희망이라고 생각해요.

우리 마을 바다 밑은 내가 제일 잘 알아_장원일(62세, 어촌계장)

바닷속 6㎞ 보물창고_30년 동안 잠수부를 했기 때문에 남해 바다 밑을 내보다 잘 아는 사람은 없을 거라예. 보물 창고지잉. 우리 마을은 바닷속이 여기서부터 해안선까지 6km정도 됩니다. 모래 바닥이나 뻘층도 별로 없어요. 암초도 접시만한 것이 아니라 웬만한 초가삼간 정도 되는 군락이 많으니 고기나 수생물이 살기 엄청 좋죠. 해조류도 좋고. 모든 게 좋기 때문에 특수한 수산물이 많이 생성되는 그런 마을이라예. 여 마을은 농사만 짓고는 먹고 몬삽니다. 황금 바다가 있기 때문에 우리가 인자 그거 가지고 먹고 사는 거지예.

바닷속에서 죽지 포기는 못 한다_ 잠수부는 생명을 걸고 하는 위험한 직업이기 때문에 많이 망설였습니다. 잠수부로 동네 부자가 된 사람과 잠수부로 일찍이 유명을 달리한 사람의 희비쌍곡선이 바닷가 마을에는 그대로 남아 있거든예. 잠수병 걸려 반신불수된 사람도 있고. 밖으로 배출하지 못한 탄소가 기포로 변하면 그게 인자

▲ 남해 바닷속을 가장 잘 알고 있는 잠수부

▲ 사계절 내내 바다위에서 낚시를 체험할 수 있는 바지선

잠수병의 원인이 되는 거라예. 사이다병에 충격을 가하게 되면 거품이 팍 올라오잖아요. 딱 기포로 변해 버린 탄소가 밖으로 못 나오고 심장에 붙으면 심장마비로 죽고, 뇌로 가면 뇌가 마비되고, 척추에 붙으면 신경을 마비시키고. 그래도 하도 못 먹고 못 살 때니까 먹고 살려고 했죠. 그때는 돈을 좀 만지는 직업이었거든요. 내가 죽어도 이 옷을 입고, 인자 바닷속에서 죽지 포기는 몬 한다, 그리 한 게 오늘까지 이르게 됐네예. 그때는 쫓아다니는 아가씨들도 엄청 많았지예. 그랬는데 지금은 안 좋은 직업이 되었습니다.

참게도 돌아오고 가재도 보이고_70년대 중반에는 남해 전 지역이 멍게 집

200

산지가 되어가지고 거기에 엄청난 멍게가 있었어예. 그때 시가로 계산하면 20억이 넘는다고 했으니까. 그 멍게가 어떤 이유로 없어져버렸는고, 서서히 다 없어져 버렸어. 어느 순간 참게며 가재도 싹 없어졌어요. 몇 해 전부터 농약도 잘 안 치고 하천을 복구하기 위한 노력들을 시작했어요 이제는 참게도 놀아오고 가재도 보이더라고요. 얼마 전 하천에서 주먹만한 참게를 잡아오다 다시 가져다 놓았어요. 내가 가져오면 죽을까 봐. 이제 다시 바다가 살아나기 시작하고 있어요.

바다 '해', 소라 '라', 가마우지의 '우지'가 만나 '해라우지'라는 이름이 되었다. 바다의 속살이 훤히 비치는 파랑 물빛 바다와 층층이 다랑이논을 한눈에 담을 수 있는 마을이다. 해안을 따라 걸으면 석방렴과 생김새가 다양한 돌들과 만날 수 있다. 미로처럼 층층이 얽혀 있는 '골목길 걷기'도 정말 매력적이다. 그 길을 걸을 때면 길을 잃을까 걱정되기보다는 어디로 가닿을지에 대한 신비한 기대감으로 부푼다. 일정을 잘 맞추어 석방렴 체험, 숭어축제, 동제 등 특별한 날에 참여해 보는 것도 좋다.

감성나눔

세 개의 밥무덤

땅의 신과 바다의 신께 농사의 풍년과 만선의 기쁨을 기원하는 '밥무덤'을 찾아보자. 마을 진입로를 찾아보면 세 개의 밥무덤과 만날 수 있다.

아름다운 소리를 찾아서

마을 한가운데 어미소나무와 애기소나무 앞으로 흐르는 개울이 있다. 그 물 흐르는 소리는 아름다운 소리로 지정될 정도로 귀한 소리니 꼭 들어보자.

지그재그길 걷기

지게로 짐을 실어 오르던 언덕길의 노곤함을 덜기 위해 길을 '지그재그'로 만들었다. 지그재그길 정상에서 남편의 배를 기다리는 아녀자의 마음을 품어보자.

가마우지가 사는 암벽

겨울이면 가마우지가 머무는 해안암벽은 배설물로 하얗게 덮여 있다. 그 하얀 암벽은 겨울에만 만날 수 있는 볼거리이다. 여름이면 장맛비가 말끔히 씻어버린다.

황홀한 해돋이

해라우지마을과 다랑이마을과의 경계지점에서 해돋이를 감상해 보자. 마을 사람들
만 아는 특별한 장소니.

정보 나눔

- ▌ 4월 말부터 10월 초까지 석방렴에서 신비한 어로 체험을 즐길 수 있다.
- ▌ 매년 5월엔 해라우지 숭어축제가 열리며, 음력 10월 15일에는 동제를 만날 수 있다.
- ▌ 사계절 내내 고기가 잘 잡히는 곳에 정박해 있는 바지선에서 낚시 체험을 할 수 있다.
- ▌ 녹색농촌체험마을 체험관 및 펜션 등에서 민박이 가능하다.
- ▌ 해녀가 따온 자연산 전복과 해라우지 마을에만 있다는 '불소라'를 맛볼 수 있다.

문의

🅤 http://haerawoogi.co.kr

🅣 055-863-5885

1 마을에서 가장 예쁜 우체통
2 꿈에서 점지 받은 마을 공동 물저장고
3 배설물로 얼룩진 가마우지가 서식하는 암벽
4 술 좋아하는 아저씨가 안전한 귀갓길을 위해 손수 만든 난간
5 해라우지마을에서만 맛볼 수 있는 쫄깃쫄깃 불소라
6 손녀가 할아버지의 환한 모습을 그린 담장

1

2

3

4

5

6

7

9

10

11

12

해라우지마을
경상남도 남해군 남면 홍현리
파도처럼 끊임없이 되돌아 올 추억을 안겨 주는 해안마을
사천방면
마을입구
1
2
도섬암
도섬산
1024
홍현 교회
3
작은석방렴
작은선착장
방풍림
18
큰 석방렴
17
16 거북바위
물개바위
용꽈바위
자라바위
와면바위
어미소나무, 아기소나무
15
14
13
지그재그길
큰선착장
12
해라우지 체험관
4
5
홍현보건소
홍현리마을회관
모과나무 아래 밥무덤
버스 정거장
8
상촌리 밥무덤
1024
6
물 저장고
7
소나무아래 밥무덤
9
수원지
10
설흘산
11
비지선
가천 다랭이마을방면
N

⑯ 숨은 바위 찾기
숨은 그림 찾아내듯 바위를 찾아보세요. 갈기 떡 뭉 쑥 길어났은 목 한쪽에 부분비위부터 한쪽의 부분비위까지 여근 다 와래비위, 의근 듬은 용크바위, 마드기 듬은 그것부새 바위는...

⑰ 큰 사바리, 작은 사바리
맘을 때 해안까지 밀려드는 고기들이 갯바닥 썰물 때는 노출, 도로 되는 물고기 한무지그림 사탐들에게 꼬쩌부어 드어버렸다. 내고래비바드로 처음 올라드는 곳이라도 해서 사면 사잘아이면 개로이가도, 만들그기도 이마도 반지 모시나도와...

⑱ 부드러운 돌이 나무들
바드에 서 붙어오는 강한 비람을 막아주는 맘을무나무도. 맘을 노수돌는 파도와 모래로부터 보호할 뿐 아니라 아름답고이바른 심터가 되어주지요

(top row circled markers)
① ③ ⑨ ⑫ ⑬ ⑪ ⑧ ⑦

---

⑪ 헤어지벽
해라우지의 우지는 가마우지의 '우지' 이곳에서떼를 지어 일동합니다. 곳곳에 부소새집바위부터 여근다 와래비위, 의근돔은 용크바위...

⑫ 바다로 바다로
고기잡이 어서도, 잠수부도, 이곳에바드로 출발합니다. 사람들이 부모되기 건 처 삭함음속제도 이곳에서 시작되었다...

⑬ 먹이는 고깃배
지그재그 그러도 고래들 토나뭉 캐서 우리고 이나내가 바드에 가 넘재오 가다려며 식힌듬. 이름철에 신나게 뜸을 이하더 잠오로 가민 이아들이, 줄두까지 오르민 이건돈이 다시 흐르더듬. 고갯마루 근처에 살그게신 이르신은 우주 친친하고 가가하신...

⑭ 놀무리 다니기
고무로 드어 듣어있단 신인데 단은 집바안가운데 맬도 있고 막핬다 시오네 길이 나오지요. 소나기 그러도, 애보 변화가 이는 함바지 함아니 개도 만나 수 있어요. 매죽아의 마을 구항구입니다.

⑮ 디젤화 선 소나무, 마을 개울
소나무 그옹이은으 애수너르이하가나무 나무 아래 묘소리 그옹 개울으 묘음 하면 봄이 바드 어리 해서 '봄 많이 담아' 라는 이듬도 가지고 있지요

---

① 배가 드어오면
이곳의 이집은 유너의 복장입니다. 여북들도 배에서 내리자마자 사고 마는 시장어 퍼싱가 열러가 때문이지요. 젊은 시간이지만 바다가 삶의 용기를 느껴믈고 기지만 바드가 어든다니다...

② 도시아이아기 관
바드의 더믈 많이 보이던 마을 에어신이 집을 잡기 시장햇습니다. 마을 등어데까지 밀려은 이망파도로 곳을다녀본은 수이믐으로 마진내비 길을 안 새봤지요.

③ 마을 아이들 모여서
지금으 참그로 쓰이지만 애잔엔 이곳에서 하런야 열려 글 수도 깨우치며 공부하고 시함을 처서 신그 조드한고에 엄허하는 아이도그 모았어요.

④ 헤라우지체하기긴
바드에 노벤제서, 신그에서, 헤이에서 배우고 그 실수도 다녀은 체임프 그림믐이 준비되어 있답니다. 이곳에자세한 방법을 들을 수 있습니다.

⑤ 도모아래 바드다
체믄만 모래마누도 실배 너이니 되 마을 도무입니다. 옆에 신 뺌나무가 가드 어세 크지만, 모과나무에 바한머 아직한잔 어리지요. 아듬한 모래나무 아래, 도제 제수쟁을 드 보 너믐 찾아보세요.

⑥ 마을 지하수 찾기
물을 찾이 이곳저곳 많을 마시지 네 바이더. 이곳자리하 한드네 신그하개도 당시 이원샛남이 근에 바이를 불고 그 일러다..

⑦ 웅은 소나무와 바드다
유너의 더믐 많이 보이던 마을에 어신이 집을 잡기 시작햇습니다. 마을 등어데까지 밀려은 이망파도로...

⑧ 마을가게 바드다
이곳의 바드무든이 마음의 근세를 알려주는 여신도 햇지요. 지금으 예전보다 마음이 넘러서서, 상거리 가운데 놓이게 되었지만.

⑨ 사시게를 울리는 수위지
바드가 주미의 모음 숙이는 맑은 물이 숙아는도 곳입니다. 이엔제 동믐의 풍요을 비믜 움냥신대 신세를 드리믄서 이곳에서 사신세를 드리면서 시작합니다.

⑩ 서화사
상화사 '맘신'이라고도 합니다. 보수배에서믐을 보다가 예신이 짐함하면 보화를 울려기 때문이지요. 신그어 참그로 쓰이지만...

강원 평창
산채으뜸마을

신기한 이야기를 먹고 산나물이 자라는 마을

버스를 타고 큰길로 가는 것보다 걸어서 고갯길을 넘어가는 것이 더 빠르던 시절,
장돌뱅이들이 수많은 사연과 무거운 생계를 등에 지고 고갯길을 넘던 시절,
가난한 삶이 너무 힘겨워 도망치듯 고향을 떠나던 시절,
그 시절들의 이야기를 담뿍 머금고 곤드레나물이 피어나기 시작했다.
평창에서 가장 오지인 만큼 가장 부드럽고 가장 고소한 곤드레나물이.

곤드레 나물로 유명한 마을

우리 마을은 시원한 평창강 물줄기를 따라 산과 강이 병풍처럼 둘러져 '풍경마을'로 불리기도 한다. 다른 농촌 마을에서 보기 드물게 주민의 70% 이상이 고향을 지키고 있는 원주민들이라 단합이 잘 된다. 열두 가구가 곤드레작목반을 만들어 농사를 짓고 있는데 직거래 판매만으로도 항상 곤드레가 부족하다. 배추와 절임배추도 미리 예약하지 않으면 구입할 수 없을 정도로 인기가 좋다. 자매결연을 맺고 있는 보험회사 직원들이 전부 와서 김장김치를 담가 가기도 한다. 주민 30명이 거슬치농악반을 만들어서 강원도 무형문화제 15호로 지정된 둔전평 농악을 전수받고 있다.

버스보다 사람을 먼저 넘겨 보내던 고개, 거슬치길

이효석 소설 「메밀꽃 필 무렵」에 나오는 장돌뱅이들이 넘나들던 거슬치길이 있다. 거슬치길에 오르기 전에 술도 한잔하고 잠도 한숨 청하던 주막자리도 그대로다. 옛날 마을 앞 도로가 비포장일 때는 그 길로 버스가 다니고 사람은 걸어서 고개를 넘어 다녔는데 버스보다 사람이 더 빨랐다. 소를 끌고 고개를 넘겨주고 돈을 받는 사람도 있었다. 거슬치길을 넘다 보면 성황당이 있는데 그곳에서 잠시 쉬어가곤 했다. 걸어서 넘던 고갯길을 마을 주민들이 부역으로 길을 닦아 차로도 오를 수 있도록 했다. 강원도의 오대 명산이 평창에 두 개가 있는데 그 중 하나가 거슬갑산이다. 아직 아무도 손을 안 대고 개발이 덜 되어 더욱 좋다.

고향으로의 귀농, 아내와 함께 다시 꾸는 꿈_이순섭 (58세, 사무장)

아내의 컨테이너, 우리의 스틸하우스_결혼하고도 한동안 고향에서 살았어요. 먹고 살 게 없으니까 광산촌에 다녔어요. 한 달에 한 번 집에 오고 그랬어요. 애가 둘 됐는데 큰애는 전교 일등하고 둘째는 육상을 해. 애들 교육도 그렇고 너무 못사니까 인천으로 떠났지. 옛날엔 못살았던 기억밖에 없어서 다시 안 들어오려고 했어요. 근데 마누라가 고향에 가자는 거야. 싫다니까 혼자 내려가서 컨테이너 하나 사다 놓고 농사를 짓는 거야. 고향에 땅이 있었거든요. 수십 년 전에 내가 월남 가서 전투수당으로 받은 걸로 사놓은 땅이에요. 마누라 먼저 오고 난 2년 후에 어쩔 수 없이 사업 정리하고 온 거지.

▲ 나란히 서 있는 아내의 컨테이너와 우리의 스틸하우스

여기 내려오면 할 일이 있나. 난 건축 사업을 했어요. 전국 다니면서 아파트 공사만 했으니까. 둘이 있다 보니 어떻게 마누라는 부녀회장에 나는 사무장이라 맨날 바쁘게 다녀. 동네에선 콤퓨터를 다 몰라요. 나는 사업하다 와서 콤퓨터를 조금 만지니까 이거래두 하는 거예요. 홈페이지 관리도 하고 곤드레 농사도 해보니까 재미가 붙더라고요. 마누라가 살던 컨테이너 옆에 스틸하우스를 짓고 건축일은 그만뒀어요. 대신 우리 마을 용접은 내가 다 해. 개집, 쓰레기분리 수거대 이런 거 다 내가 만든 거예요. 그리고 우리 마을은 신기한 게 있어요. 집집마다 태극기가 걸려 있잖아요. 저 국기봉을 다 내가 용접해서 만들어 줬어요. 애향심 가지라고. 허허.

식물은 건강해지면 못 먹어요 열두 집이 작목반을 만들어서 곤드레 농사를 지어요. 난 2007년에 들어가서 하우스 백 평짜리 두 동을 짓고 재배했어요. 첨에는 농약사에 가니까 농약 파는 분이 나물에다 영양제를 주라는 거야. 그러면 잘 큰다고. 영양제가 엄청 비싸요. 그래도 그걸 사서 물에다 희색해서 줬더니 곤드레가 갑자기 잘 자라더니 줄기가 딱딱해져 버려요. 건강해진 건

데 하나도 나물로 쓸 수가 없는 거야. 식물은 건강해지면 딱딱해서 못 먹어요. 연해야 먹는데. 할 수 없이 싹 다 뜯어버렸어요. 첫해는 망친 거야. 그래도 난 그분 원망 안 해요. 내가 몰라서 그랬으니까.

◀ 오래 두어도 곰팡이가 피지 않는 곤드레장아찌
▲ 전국으로 직거래 판매되는 곤드레나물

산채테마마을을 꿈꾸며_여기 와서 마누라가 곤드레절임이라는 걸 개발했어요. 아주 불티나게 팔렸어. 지금은 없어요. 깻잎 같은 걸 장아찌로 담가서 오래두면 곰팡이가 피는데 이건 곰팡이 안 핍니다. 비법은 매실 엑기스가 들어간다는 거예요. 그게 천연방부제거든. 작년에 담근 거 일 년 놔도 멀쩡해요. 그거 개발해서 강의도 하고 체험도 하고 직접 담근 거 가져가게도 하니까. 아주 잘 돼요. 배추 농사지어서 김장철에 절임배추도 판매하고 직접 와서 김장 담가 가기도 하고. 아주 바빠요. 곤드레도 배추도 우리 껀 없어서 못 팔아요.

　올해 곤드레 축제 때 2천 명이 다녀갔어요. 마을 축제 치고는 대성공이죠. 관에서 지원해주는 것도 없고 그냥 마을 사람들끼리 하는 거예요. 우리도 부지를 많이 마련해서 '산채테마마을'을 만들었으면 좋겠어요. 대하리 가면 모든 산나물을 다 볼 수 있고 먹어볼 수 있게 모든 가공시설도 해놓고 싶어요. 요즘은 산나물 재배해 보고 싶다고 물어보는 사람도 많아요. 앞으론 귀농도 많이 하게 될 것 같아요.

가재도 있고, 실뱀도 있고, 도롱뇽도 살고_우리 마을은 수돗물을 그냥 먹어요. 여기는 아직도 또랑에 도롱뇽이 우글우글해요. 이게 아주 진짜 오염이 조금만 돼도 못 살아요. 누구도 잘 모르는 실뱀이라는 게 있어요. 하얀데 길이가 막 이래 길어요. 그게 아주 청정수역에만 있어요. 우리 마을에 지금두 그게 있더라고. 우리 마을에선 절임배추를 우리가 제일 많이 해요. 자매결연 맺은 회사 직원들이 단체로 와서 김장김치 담가 가요. 2천 포기 넘게 나갔어요. 절임배추를 씻으려고 물을 미리 틀어놨는데 바닥에 보니 국수 가닥 같은 게 허옇게 이만큼 쌓여져 있어요. 우리 마누라가 뭔지 모르고 집게로 들었더니 구불렁구불렁 한 거예요. 마누라가 놀래가지고. 하하. 그게 수도를 따라서 나온 거예요. 여 물은 진짜 좋은 물이에요. 가재가 있고 실뱀이 있고 도롱뇽도 살고.

▲ 마을 앞으로 흐르는 평창강

멧돼지도 때려잡고 대들보도 지고 온 우리 집안_평창이 5일장이에요. 거슬 치길 넘어 장에 걸어갔다 오다가 잿말랑에서 좀 쉬다가 밤을 샌 분들도 많아 요. 심지어 우리 작은 할아버지 같은 경우는 내가 태어나기 전이었지만 힘이 좋았어요. 낮에 술을 한잔 잡수시고 장에 갔다 오다가 딱 거슬치 잿말랑에서 주무시는데, 얼마 자다 보니 옆에서 코고는 소리가 들리더래요. 눈을 딱 떠 보니까 멧돼지가 옆에 와 자고 있더래요. 그래서 돼지가 깨어나면 물릴 거 아니에요. 근데 이 양반이 잽싸게 올라타가지고는 돌멩이 갔다가 막 팼대요. 돼지가 못 일어나게. 그래 잡아가지고 무거워서 끌고 올 수 있나? 나뭇가지 를 뿐질러 밑에 대고 칡을 돌로 찌어서 그걸로 엮어가지고 끌고 내려 오셨다 고 하더라구요. 맨손으로 멧돼지를 잡은 거지.

우리 할아버지도 힘이 엄청 좋았어요. 우리 동네에 400년 된 전통한 옥 있잖아요. 그게 150년 전쯤 화재가 한 번 났었어요. 그리고 나서 기와를 새로 얹을 때 우리 할아버지가 그 집 대들보를 명지못에서부터 지게로 지고

▲ 할아버지가 지게에 지고 내려온 거대한 대들보

들어오셨다니 까. 그것도 일 부러 휜 걸 갖 다가 다듬었다 더만. 그 정도 로 우리 집안 이 힘이 좋았 어요.

그 집이 랑 우리 집은

오촌지간인데 금년이여, 금년. 밤인가 낮인가 천둥이 얼마나 치던지. 벼락이 때리는 거 같았어요. 번쩍 번쩍하는데 우리 형수가 딱 밖을 내다보니까 그 집 전통가옥 마당에 박쥐가 새카맣게 나왔더래요. 어디서 나왔는지도 모르고. 천둥 번개 치니까 큰일났는 줄 알고 박쥐들이 죽을까 봐 다 기나왔는지. 신기한 집이에요. 지금도 난 그 집 대들보를 할아버지가 어떻게 짊어지고 오셨는지 이해가 안 가요.

전쟁도 비켜간 전통가옥을 지키며 꾸는 꿈_김남옥 (83세, 전통가옥주인)

평창군에서 가장 오래 된 전통한옥_내가 16대째야. 450년이 넘은 집이지. 150년 전에 화재를 봤어. 그때 여기는 보리, 밀 생산지여. 논도 그렇게 많지 않고. 보리, 밀을 잔뜩 떨어내고서는 짚을 웃간방에다 쌓아놨대. 근데 저녁에 방이 축축하니까 불을 떼다가 고마 밀짚에 불이 붙어가지고, 확 타니까

▲ 전쟁의 화마도 남기고 간 450년 넘은 전통가옥

기와장이 탕탕하는 거야. 아주 해가 나고 날이 청청했었는데 난데없이 구름 떼가 닥쳐와 가지고 이 집 불을 다 꺼주더래. 우리 어머니가 그러잖아. 불을 다 꺼줘서 하나도 안 타고 그슬리기만 한 거를 그냥 두기 뭣해서 기왓장 다 비끼고서는 새로 올렸다대. 그때 이 아주버니(이순섭 씨) 할아버지가 지고 온 대들보를 넣었지. 그 담에 하나도 손 안 댔다가 2002년 평창군에서 문화재로 지정되고 전통가옥으로 만드느라고 기와를 안동 쪽에서 가져온 거지. 그 옛날 기와는 다 치우고 이게 안동 쪽에서 가져온 기와야. 6·25 때도 다 폭격을 해서 탔는데 우리는 총탄만 맞았어요. 구멍이 뚫버진 게 있었지만 우리 집만 살았어. 그때 동란이 나가지고 소에 쌀 몇 말 싣고 이부자리 싣고 그저 거슬치 너머까지 걸어가다 인민군한테 잽혀서 소 다 잡아먹히고. 우구치 탄광까지 가서 다다미방에서 떨고 앉았어. 피난 온 사람들이 잔뜩 모이니 전부 가지각색이여. 진부, 대화, 방림, 저쪽에서도 막 내려왔거든. 사람이 여간 많

▲ 이제는 전통가옥에 혼자 살고 있는 16대 지킴이

나. 요케 쪼그려 앉아서는 먹긴 뭘 먹어 굶어야지. 거기 며칠 있다 청양까지 갔다 왔네. 6·25 사변 그런 난리가 나지 말아야 돼.

신기하지, 꿈은 세월을 거꾸로 가니_스물두 살에 시집을 왔는데 종꺼정 열두 명이 사는 거야. 종 둘은 사랑에 있고, 이 좁은 데 열 명이 살았지. 한매, 복돌이가 종이었어요. 우리 친정아버지가 평창군청에 다녀서 내가 시집올 때 군청 차를 타고 왔다고. 마을 앞에 내리니까 복돌이가 기다리고 있다가 가마 태워 집까지 데리고 왔어. 우리 집은 땅도 있고 종도 있고 부잣집이었는데 강냉이 갈아서 밥해 먹었어. 쌀밥 먹는 사람이 없었어. 참 산골이 아주 무한 산골이었어. 전봇대도 하나 없고. 시장 가려면 보따리해서 짊어지고 거슬치길 넘어서 평창까지 가고. 내 그런 고생한 거 생각하면 기가 맥혀요. 그래도 우리 집이 종이 제일 마지막까지 있었어요. 그래 복돌이네가 이 집을 떠날 때는 가까이 살면 안 되겠다는 거야. 가까이 살면 맨날 "마님, 마님" 해야 하니까. 멀리 떠났어요. 아주 멀리. 몇 년 후에 복돌이 부인 한매가 왔었는데 마당에서 큰절을 하더라고. 우리 시아버지가 야단을 치셨어. "아니 이 사람이 어느 시절인데 그따고 짓을 하고 있냐, 빨리 올라와라." 막 끌어올려서 우리 상에 같이 앉혀 밥을 먹는데 밥그릇을 내려놓고 먹는 거예요. 세월이 흘러도 그러더라고. 뼈에 뱃잖아. 뼈에 뱃어.

　　이 집에 혼자 산 지 13년이 넘었어. 신앙이 있으니까 혼자 살아도 안 무서워. 이제는 나이 먹으니까 기억이 흐리멍텅한기. 근데 옛날 방아 찧는 꿈을 다 꾼다. 이상하게 예전 친정에서 살던 꿈을 많이 꾼다. 나와도비 하는 꿈도 꾸고. 신기하지. 꿈은 세월을 거꾸로 가니.

산채으뜸마을에서 재배하는 곤드레나물은 다른 곳에서 생산되는 것보
다 가격은 조금 더 비싸지만 없어서 못 팔 정도로 인기가 좋다. 마을 주민의 70% 이상이 원
주민이며 고향을 떠나지 않은 사람들이 많다. 또 고향을 떠났던 청년들이 쉰을 훌쩍 넘긴 나
이에 다시 고향에 들어와 새롭게 마음을 모은다. 특별한 향은 없지만 맛 좋고 몸에도 좋은
곤드레나물처럼 소소하지만 큰 활력을 찾아가고 있는 마을이다.

감성나눔

거슬치길 이야기

소를 이끌고 장돌뱅이들이 넘던 길, 버스보다 더 빨리 도착할 수 있던 길, 중간에 쉼
터가 되어 주는 성황당, 주민들이 직접 닦은 길, 바로 그 거슬치길에게 옛날 이야기
를 청해 보자.

숨은나무이름찾기

마을의 나무엔 이름표가 붙어 있다. 그냥나무, 뽕옹나무, 백년이 안 된 밤나무, 우린
늘 새봄에 만나요 자두나무 등 재미있는 나무 이름 찾아보는 재미가 쏠쏠하다.

마르지 않는 샘 옹녀샘

거슬치길을 오르다 보면 옹녀샘과 만난다. 옛날부터 마을에서 절대 마르지 않던 물
줄기라고 하니 한 바가지 시음해 보자.

장돌뱅이들의 아지트 영봉정

그 옛날 소도 묶어두고 술도 한잔하고 한숨 잠도 청할 수 있던 주막, 영봉정, 아직 그 터에 그대로 남아 있지만 지금은 할아버지 혼자 사시는 가정집이다. 그 옛날 많은 사람들에게 시달렸던 탓인지, 겹겹이 감싼 벽 때문에 내부를 들여다보기 어렵다. 과거 영봉정의 향기가 그립다면 살짝 엿보자.

정보나눔

▌ 매년 5월에 곤드레 축제가 열리며 산나물 뜯기, 송어 맨손잡기, 곤드레 나물 요리 체험 등 놀이를 즐길 수 있다. 참가비 만 원, 미리 참가 예약해야 한다.

▌ 곤드레(생채, 냉동, 건초), 곤드레 짱아지, 절임배추 등의 특산물을 판매한다.

▌ 때 묻지 않은 자연을 만끽할 수 있는 산채 마을 등산로가 있다.

▌ 마을 안엔 숙박이 가능한 펜션이 두 채 있다.

문의

Ⓤ http://www.sanchae.co.kr

☎ 033-333-5009 / 011-9760-4684 (이순섭 사무장)

1 옛날 장돌뱅이들이 넘나들던 거슬치길
2 하우스 안에서는 한겨울 곤드레 나물도 파릇파릇
3 꽃피는 계절이 오면 보랏빛 메밀꽃으로 풍성해지는 벌판
4 마을의 유일한 스틸하우스
5 도시민들이 직접 와서 절인배추로 김장을 담그는 곳
6 손자들이 좋아해서 귀찮아도 기르는 토끼

1

2

3

4

5

6

7

8

9

10

11

12

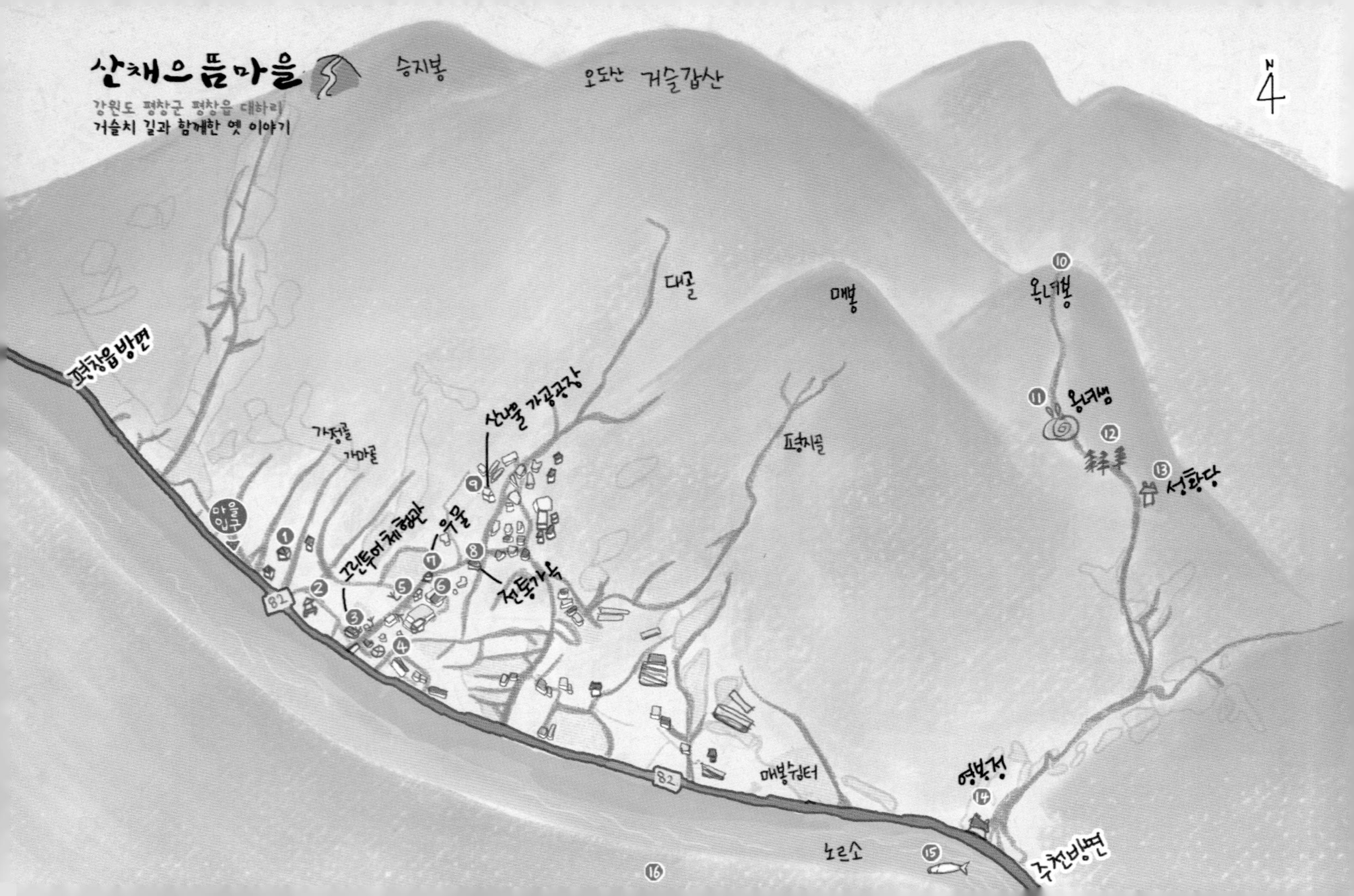

산채으뜸마을
강원도 평창군 평창읍 대하리
거슬치 길과 함께한 옛 이야기
승지봉
오도산
거슬갑산
N
대골
매봉
옥녀봉
옹녀샘
성황당
평창읍방면
가정골
가마골
산나물 가공공장
그린투어 체험관
우물
전통가옥
마을입구
82
표충지골
매봉쉼터
영복정
노르소
주천방면
1
2
3
4
5
6
7
8
9
10
11
12
13
14
15
16

① 군드레아의 마당

이 마을에서 태어나 도시로 떠났다가 다시 귀농하신 요시에라는 큰 손이 처음으로 군드레나물과 마음을 만나게 하셨고 맛있는 군드레나물 밭은 한 번 드셔 보세요.

② 메미꼬 또 무리

마을에서 군드레 두 메밀을 심은 곳입니다. 봄철에는 향긋한 메밀 꽃이 가득하지요.

③ 그린투어체험관

마을 체험마당에서 시상하고 맛 좋은 군드레나물로 다양한 체험을 해보세요.

④ 소티하우스

도시에서 건축물을 하다 귀농하여 집을 직접 스틸하우스로 지어 살답니다. 집에서 키우는 개, 토끼 집도 통성하여 손수 만드셨지요. 손수건도 토끼를 하도 좋아해서 가드지 않은 손을 찾을 수 없으니까요.

⑤ 100년이 아된 바나나무

이 마을은 주민들이 단단하는 나무가 하나씩 있습니다. 곳곳에 숨겨있는 재미있는 나무 이름 팻말들을 찾아보세요.

⑥ 최고 부자집이 있다는 곳

옛날 마을에서 최고의 부자가 살던 집입니다. 집안에 여러방이까지 있었답니다. 하루는 주인이 이 곳신에 자기 집이 얼마를 산책하기 이 동네가 어디인 하이에게 물었더니 할 정도니까요. 무려 700평 이나 되었다니

⑦ 마을의 우물

6.25 사변 때 마을 사람들은 이 우물에서 물을 길라다가 갑벙이 죽으로 끼를 연명했지요.

⑧ 대한리의 저통가옥

이 곳은 16채 째 내려오는 전통가옥으로 450년이나 된 평장에서 가장 오래된 집이랍니다. 스물 두살에 시집와 오랜 세월을 집과 함께 하는 할머니가 찾고 계십니다. 이 집에는 커다란 대들보가 하나 있는데 장사처럼 힘이 센 할머버지가 어느 날 마을지도 안은 나무를 혼자서 시게게 지고 가지고 오신 거라고 합니다.

⑨ 사나물 가공공자

이 마을의 특산물인 군드레를 가공하는 곳입니다.

⑩ 옥녀봉

옥녀봉에 올라서면 평상 나무의 틀니이 왼하게 다가오답니다.

⑪ 옹녀샘

바가지처럼 움푹 파인 바위 사이로 흐르는 물줄기가 있다고 합니다.

⑫ 가슴치기 이야기

아름드리 소나무 숲이 거슬갖신 재와랑에 한 가득 펼쳐져 있지요.

대한리에서 마지를 넘어가는 지름길이었던 거슬치기는 장등 뼈다인들이 소. 당나귀에 몸집을 싣고 넘어올 뿐 아니라 마을 사람들이 하노에터가 그스런히 축적된 길이라 하겠습니다. 거슬치 재와랑에선 한 할머버지가 나와슬 기다리고 그는 소리에 깨워니 맷돌기가 옆에서 자고 있었다고 합니다. 바로 맷돌치럼 옭라된 함아버지는 단숨에 내숙을 때려잡고 절겁히 듣고 오셨지요.

⑬ 서화당

어릴 고갯길을 넘던 장꾼들은 성황당을 지날 때를 돌 하나 돌 얹으며 장수가 길 되라고 재수를 지냈지요.

⑭ 여보자

옛날 거슬치길을 올라가던 길목에는 주막이 하나 있었습니다. 사람들은 길을 오르기 전에 이 주막에 들러 막걸리 한 사발로 목을 축이고 다시 길을 떠나곤 했지요.

⑮ 누치지기

첫 출이이 어느 날 땐때로 읊음을 지며 누치들이 낮은 개울로 모여들어서 얕은 물에 담겨 있을 수 있습니다. 엄마 자에는 무릎75cm의 누치가 잡히기도 했죠.

⑯ 크시바기

옛날 동네 개구쟁이 쌍이 눈 내리는 날에 함께 꾀꼬를 잡으러의 이 동굴로 들어 갔지요. 그런데 갑자기 이디선가 가시인 아이들 이렇게 왔다 고 말하는 것이었습니다. 가슴을 하고 도망쳤죠. 알고보니 동네아주머니였으면요.

경북 문경
오미자마을

젊은 일꾼들의 열정이 빨간 열매를 맺는 마을

한산하고 찬 겨울이 너무 길고 아깝다는 오미자마을 사람들.
겨울이면 햇살 따뜻한 봄날을 기다리듯
오미자마을 사람들은 가슴속에 따스한 봄날을 품고 있다.
추운 겨울을 준비해 여름에 시원하게 흐르기를 기다리는 아름다운 금천처럼.

모든 게 다 통하는 마을

우리 마을은 경상북도 문경시 동로면 생달1리에 위치하고 있다. 생달은 '날 생'자와 '통할 달'자가 합해진 이름이다. 우리 마을에 오면 모든 것이 다 통한다는 뜻이다. 풍수지리적으로도 이름을 해석할 수 있다. 우리 마을에 남근석과 여근석이 있다. 또 기도하는 돌과 문경팔경 중에 하나인 천년촛대 바위가 있다. 여성의 자궁 속과 같이 생긴 마을엔 '금천'이라고 불리는 깊고 좋은 내가 흐른다. 남자와 속이 실한 여성이 있고 천년바위의 촛불을 켜고 기도를 하는 형상이다. 마을의 풍수가 이보다 좋을 수 없다.

경상북도에서 가장 오지 마을

우리 마을은 경상북도의 가장 오지마을이며 충청북도와 경계에 있다. 마을 앞으로 들어오는 길이 98년에 개통되었다. 예비군들을 전부 동원하여 닦은 군사도로다. 그 길이 개통되기 전에는 서울에 가려면 오솔길을 걸어 문경까지 가서 서울행 버스를 타야만 했다. 지금은 30분 정도 걸리는 점촌도 그때는 버스를 타고 비포장도로를 2시간은 달려야 도착할 수 있었다. 게다가 돌밭이 많아 먹고 살기 힘든 동네였다. 그때는 점촌에 가서 '생달'에서 왔다고 하면 시골에서 왔다며 웃었다. 주민들이 잘 살아보자는 의지로 뭉쳐 몸으로 돌밭을 일궈 오미자 재배를 시작했다. 이제는 점촌에 가서 물으면 제일 살기 좋은 데가 '생달'이라고 한다.

마을의 작은 우체국이 전국 택배 1등

조선시대 때부터 우리 마을의 특산물은 야생오미자였다. 1996년에 농업기술센터에서 야생오미자를 채취해서 농가 보급을 시작했다. 2006년에 전국 오미자 생산의 45%를 책임지자 재정부에서 산업특구로 지정을 했다. 5년 전에 600톤 정도 생산하던 오미자를 지금은 해마다 2,500톤을 생산한다. 그래도 전국으로 나가는 택배의 물량이 부족할 정도다. 동로면소재지는 매우 작은데 하루에 우체국 택배 차량 3대와 개인 택배 차량 2~30대가 매일 다녀간다. 우리 마을의 우체국은 작지만 택배로는 전국 1등이다.

◀ 돌밭을 일궈 재배하기 시
작한 오미자

보이는 사람은 적지만 이야기 나눌 사람은 많은 마을_손승용(49세, 현대자동차 연구원)

저는 서울에서 태어나 서울에서 자랐어요. 아버지 고향은 이북이고, 지금은 용인 전원주택에 살고 있고 한 번도 아파트에 살아본 적이 없어요. 이 마을에 2주에 한 번 정도 와서 텃밭농사랑 물놀이를 즐긴 지 4년이 되었어요. 손윗동서가 이곳에 살아요. 아내의 고향도 이 마을 근처 하초리고요. 아들이 둘인데 큰 아들이 군대 갔고 작은 애는 입시 준비 중이에요. 작은 애가 대학 가고 나면 아내가 먼저 들어와 자리를 잡을 예정입니다. 나는 회사 일을 정리하고 들어올 거고요. 귀농을 결심하고는 아내가 더 좋아해요.

이 마을로 귀농을 준비하고 있는 이유는 오미자를 브랜드화해서 경제적인 가능성이 있고, 주변에 관광지도 많기 때문이에요. 무엇보다 밖에 나가면 사람이 보여요. 물론 도시엔 보이는 사람이 더 많지만 이야기 나눌 사람은 없잖아요. 농촌엔 보이는 사람은 적지만 이야기 나눌 사람은 많아요. 귀농을 해도 농사일만 할 자신은 없어요. 평생 수학, 과학, 영어만 붙들고 살았으니까요. 개인적인 삶과 농촌마을에 보탬이 될 수 있는 일을 동시에

▲ 손승용 씨

하고 싶어요. 아이들 교육프로그램을 운영하고 싶어요. 경제자립, 교육자립 등을 통해 아들, 손자들이 오고 싶어 하는 마을을 만들고 싶고요. 날 생(生)자를 보면 소가 외나무다리를 걷는 모습이에요. 외로운 게 삶이라는 것이죠. 그러나 삶은 '사랑함'의 약자라고 생각해요. 이 마을에 와서 삶을 나누며 살고 싶어요.

농사일 시작한 지 10개월, 솔직히 힘들어요_한명호 (40세. 귀농인)

아버지가 20년 가까이 이 마을에서 이장을 하셨던 분이세요. 18년 전에 이 마을에 오미자를 처음 들여오셨어요. 오미자 묘목이 하나에 600원 할 때였어요. 지금은 200원 정도 하지만 그 당시에는 하는 사람이 많지 않아서 귀했거든요. 그 비싼 것을 사다가 450평을 심었어요. 동네 어른들을 모아놓고 오미자를 해보자고 했지만 콧방귀도 안 뀌었어요. 농사를 바꾸기란 정말 쉽지 않은 일이니까. 오미자는 심은 뒤 3년부터 수확이 가능하니까 내년에 안 되면 어떻게 먹고 살까, 하는 문제가 컸겠죠. 2년 동안 콧방귀도 안 뀌던 동네 어른들이 깜짝 놀란 거예요. 3년 후에 벼농사를 짓는 것보다 세 배 이상의 부가가치를 얻었거든요. 450평에서 천만 원 이상을 벌어들이니 한 집 한 집 오미자를

▲ 한명호 씨

하는 사람이 늘기 시작했어요.

서울에서 살다가 2009년 3월 17일에 고향으로 돌아왔어요. 아버지께서 몸이 편찮으신 데다 벌려놓은 일이 많아서 삼형제 중에 누군가 고향에 내려와 모시며 일을 도와야만 했어요. 또 원래부터도 서른다섯 살쯤에는 귀농할 생각이었어요. 이런 저런 일을 겪으면서 마흔 살이 되어서야 귀농을 하게 되었네요. 이 마을에서 내가 제일 젊지만, 귀농으로는 늦은 거예요.

농사일을 시작한 지 이제 10개월 되었어요. 솔직히 힘들어요. 하면 할수록 더 힘든 것 같아요. 출하되는 양은 적고 단가도 낮고 광고홍보도 적고. 현재는 수입이 없어요. 농사는 노력하는 만큼 소득이 돌아오지만, 농사는 한철이라 겨울에는 할 게 없어요. 겨울 시간을 그냥 보내는 게 아까워요. 아침 8시부터 밤 11시까지 PC만 쳐다봐요. 내가 모르는 부분에 대한 자료를 얻기 위함인데 자료를 통해 보이는 것은 많은데 막상 실천하기가 힘드니까. 겨울

▲ 농촌사람은 비 오면 더 바쁘다며 비를 맞으면서 여물을 정리하는 아저씨

◀ 겨울에도 아름다운
색을 품고 있는 금천

이라고 놀고 있을 형편이 아닌데, 분명 할 일이 있는데 못 찾는 것이 답답해
요. 농촌이 시간적 여유가 많을 것 같지만 사실 안 그래요. 잠깐 외출도 계획
을 짜지 않고 아무 생각 없이 나가면 시내 가서 아무 일도 보지 못해요.

전라도 쪽으로 시장조사를 많이 가봐요. 몇 십 년씩 열대과일인 망고
농사를 지어 돈 많이 번 사람도 찾아가 봤어요. 우리 마을의 문제는 기후예
요. 점촌에 비해 4.5도가 낮고, 동로보다도 1.5도가 낮아요. 기름값은 갈수록

치솟고 있어서 하우스 농사로 인한 소득 창출은 불가능해요. 게다가 오미자의 부가가치가 떨어지고 있어서 대체작물을 고민하고 있어요.

최고가 아니면 손도 대지 마라 _박진호 (26세, 오미자체험촌 직원)

2007년부터 오미자체험촌에서 일하고 있어요. 오미자를 홍보하고 알리고 그런 일을 해요. 여름에 체험객이 많이 오면 안내도 해주고 오미자의 효능, 오미자로 만들 수 있는 것들을 알려주고. 어릴 때부터 기계를 뜯거나 붙이거나 하는 걸 좋아해서 대학은 기계과에 들어갔었죠. 군제대하고 집에 있다가 오미자체험촌에서 이런 일이 있으니까 같이 해보자고 해서 하게 된 거죠. 워낙 만드는 걸 좋아해서 오미자 가공을 해보려고 해요.

체험촌 일은 여름에는 바쁜데 겨울엔 한가해서 자기 할 일을 주로 해요. 그럴 때면 농업기술센터에 가요. 오미자로 가공 사업을 하는 공장이 있는데 거기서 가공와인이나, 오미자청을 만들어 봐요. 오미자 계장님한테 자주 찾아가서 여쭈어 보고, 기술센터 연구소에도 자주 가서 좀 알려달라고 해서 배우

▶ 박진호 씨

고 책도 보고 그래요.

우리 마을의 오미자는 지리적인 특수성 때문에 맛이나 향이 특별히 차별화돼요. 오미자 하나로는 비전이 있어 보이는데, 2차적인 수입으로 가공 부분을 개발해야 해요. 가공 방법에 따라서도 굉장히 달라져요. 어떻게 말리느냐, 우리느냐, 설탕, 올리고당, 꿀 중 무엇을 넣느냐, 몇 도씨의 불에 희석하느냐. 가공을 위한 다른 실험도 계속 하고 있어요. 우리 마을 말고는 시중에 오미자 와인이나 오미자청이라는 것이

▲ 과거 한양가는 길에 선비들이 쉬어간 아름다운 소나무와 금천

아직 안 나왔어요. 청은 향도 나고 달아서 아이들이 좋아하고, 옛날 어르신들은 오미자와인을 좋아하고, 좋아하는 게 나눠져 있더라고요. 계층별 마케팅을 해도 좋을 것 같아요.

또 우리 마을 산에는 정말 다양한 약초들이 많아요. 아버지는 약초에 대해서 정말 많이 알고 계신 분이에요. 어렸을 때 같이 산에 가면 아버지가 늘 알려주셨는데 그때는 은근슬쩍 여기 안 살 거니까, 여기 안 있을 거니까, 내가 알 필요가 있나, 그냥 흘려들었어요. 그랬었는데 체험객들이랑 산에 산책을 가면 이것저것 물어보는 거예요. 그때마다 모른다고 말하니까 좀 부끄

럽더라고요. 아버지한테 약초도 좀 배워 볼까 해요.

친구들이 없어서 좀 답답하긴 했는데 3년쯤 지나니까 괜찮아요. 소득만 생각하면 여기 못 있죠. 그런데 마을을 떠날 생각은 없어요. 고등학교 때부터 이거해라 하면 저거하고 그런 성격이었어요. 지금도 하고 싶어서 있는 거예요. 그렇지 않으면 못해요. 옛날부터 '최고가 아니면 손도 대지 마라'가 신조였어요. 대도시처럼 사람 붐비는

▲ 할머니들의 일과 중 하나가 된 윷놀이

곳을 싫어하기도 하고, 그곳에서 최고로 살아남을 자신도 없고, 오미자가 처음 나온 마을이 내 고향이니까 여기에서 최고가 되기 위해 하는 거죠. '오미자 생산' 하면 '오미자마을', '오미자 가공' 하면 '박진호'라고 인정받고 싶어요.

오미자마을의 바람은 자식들이 들어와 살 수 있는 마을을 만드는 것이라고 한다. 이미 고령화된 마을이기는 하지만 하나둘씩 자식들이 들어오고 있어서, 산 좋고 물 좋다는 소문을 듣고 하나둘씩 귀농인들이 모여들고 있어서, 새로운 활기가 솔솔 번지고 있는 마을이다. 길을 따라 마을 한 바퀴를 걸어보는 것도 좋고, 마을을 감싸는 '금천'을 따라 걸어보는 것도 좋다.

감성나눔

독수리가 보초 서는 마을

마을 뒤로 보이는 '수리산'은 독수리가 등을 돌리고 앉아 있는 모습 같다 하여 붙여진 이름이다. 마을 사람들은 독수리가 등을 보이고 있어서 좀 아쉽다고 하지만, 아무리 봐도 마을 밖으로부터 나쁜 기운이 들어오지 못하도록 보초를 서고 있는 모습이다. 독수리가 지켜줘서인지 마을에 들어서면 포근함이 느껴진다.

뒷산에서 약사여래석불 찾기

오미자 마을은 약사정(藥師亭)마을이라고 불린다. 마을 뒷산에 약산사라는 절이 있다가 폐사되었기 때문이다. 그 흔적으로 신라시대 것으로 짐작되는 약사여래석불이 아직 남아 있다. 아니, 저런 곳에 석불이? 분명, 놀랄 만한 곳에 우뚝 서 있으니 찾아보자.

마을 뒷산에 가면 십전대보탕을 끓일 수 있다?

마을 사람들은 '약사정'이라 불렸던 이유가 마을에 약초가 많기 때문이라고도 말한다. 한약재로 쓸 수 있는 백 가지의 귀한 약초가 마을 곳곳에서 자라고 있다. 마을 뒷산 산책 한 번이면 십전대보탕을 끓일 수 있다고 한다. 약초에 관심이 많다면 산책을 할 때 눈을 더 크게 떠보자.

꼭 맛봐야 하는 약물탕

마을을 감싸고 '금천'이 흐른다. 약물탕이라고 불릴 정도로 물이 좋기로 소문이 나서 과서에 한양으로 과거보러 가던 사람들이 반드시 들러 말을 묶어두고 물을 마시고 갔다고 한다. 할머니들은 예전에 가마 타고 시집올 때 가마를 세워 두고 머리를 감고 목욕을 했다고 한다. 지금도 금천은 여전히 '약물탕'이라 불릴 정도로 맛이 좋다.

정보나눔

▨ 오미자마을에선 오미자 관련된 다양한 체험을 즐길 수 있는 시설들이 있다. 어르 신들과 함께 어울릴 수 있는 마을회관에서의 하룻밤도 충분히 낭만적이다.

▨ 마을에서 생산되는 다양한 상품을 홈페이지에서 구입할 수 있다.

▨ 매년 9월이면 오미자축제가 열린다.

문의

U http://omija.invil.org

T 054-554-8000

1 꼬불꼬불 산길을 달려 경상북도 가장 오지 마을로
2 마을 입구에서 인사하는 300년 넘은 느티나무
3 마을을 품고 있는 독수리의 뒷모습, 수리봉
4 신라시대부터 그 자리를 지키고 있는 약사여래정부처
5 옛날 가마터의 흔적을 간직하고 있는 마을의 뒷뜰
6 대대손손 마을의 효자를 기리는 효자비

1

2

3

4

5

6

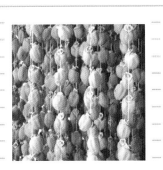

7

8

9

10

11

12

① 이 마을에서 아직도 가장 잘 아는 집

신라시대부터 들어가는 약재를 마을 산에서 거의 구해쓸 수 있다는 약초집으로 만든 맛있는 차와 잼내주도 만내 낼 수 있죠.

② 세대 1리 마을회관

한때 나들도 크리스마스 날 회관에서 응가증기 모여서 함께 몸찾이들 하신답니다.

③ 처음으로 마을자동차를 시작한 집

얼마 전 거동한 맏내아들이 마을 이어 꾸준히 오마자 농사를 하고 있다지요.

④ 아기사여래장 부처

신라시대로 추정되는 이 부처상은 묘하게도 담배 밭 위에 놓여 있지요. 이 마을은 과거에 절터였다고 하여 약사정이라고 불리기도 했답니다.

⑤ 싸기 없는 가

씨 없는 깨날 감나무입니다. 마을 사람들은 탐스럽게 열리 감을 새참으로 양보합니다. 겨울에도 은은한 나무입니다.

⑥ 품어주는 산

앞 뒤에 산이 가득하여 답답할 것 같지만 마을 살다 보면 떠나기 싫어진다고 합니다. 모기도 적고 여름에 시원해 에어컨이 필요없답니다. 산이 물을 보유하고 있어서 흉수아 같은 자연재해도 없죠. 태풍이 와도 크 피해가 없는 건 아무도 산 덕분인지는 모르겠습니다.

⑦ 수리봉 이야기

동네 뒷산은 독수리가 둥이 앉아있는 모양이라고 해서 수리봉이라고 부릅니다. 아머니가 아이를 안고 있는 듯한 으쪽하고 멋진 수리의 밭모습을 찾아보세요.

⑧ 아뭇탕

수리봉 밑에 있던 약뭇탕에서 옛날 아이너들은 머리를 감고 했답니다. 마을미깐한 이 뭇으 매우 맑아서 바느도 필요없고 빨래를 삶지 않아도 하양게 되었다고 하니 떨리서거마타 타고 이 생터에 찾아을 날도 했지요. 지금은 아쉽지만 사라졌습니다.

⑨ 담을 싸싸울한 오미자

옛 마을사람도 척박한 돌밭을 느껴므로 손수 읽구어빨간 오미자 열매를 맺게 했어요. 싫도 높고 배수좋은 이 곳에서 탄생한 오미자는 전국 생산량의 40%나 된다고 합니다.

⑩ 가마터

이곳에 예전에 사기를 굽던 가마터가 있었다고 합니다. 지금도 그 흔적이 보여요.

⑪ 호두나무

청송과 호두를 하도 많이 따먹어버리는 바람에 이나무는 쳅버으로 만든 옷을 일게 되있답니다. 다분에 호두나무의 호두으 이제 안심하도 딸 것 같습니다.

⑫ 유익하게 단배농사 짓는 집

옛날 마을의 단배생사랑은 전체 자물의 90%나 되었는데 지금은 이 동 가에만 재배를 하고 있어요. 동네 사람들 다 출도사겨야 할 만큼 손이 많이 가는 일이라 예날에 비쌀 때 사로 포앙이를 하며 돕기도 했지요. 이 모든 게 다 자식들을 위한 것이지요.

⑬ 무궁 오미자 체험초

오미자 관련된 다양한 농소체험을 해보세요.

⑭ 마을에 싸둥이가 많은 까닭은

마을에는 쌍둥이 성들이 길이 5-6-7 거나 되었다고 합니다. 이 작은 마을에서 유독 쌍둥이가 많았던 이유느 무엇일까요? 함께나는 아랫샛의 생물 때문이라고 합니다.

⑮ 그친

아근 깨끗한 물 덕택에 흘러가는 냇물을 지도도 그냥 떠 마실수 있답니다. 드서 이안하다가 여운강 같은 이 물을 한 사발 들이키면 피로가 싹 가시지요.

⑯ 차려

여름이면 회차한 물고기 잡는 체험으로 마을 넷가는 향기를 맡지요. 둥가리 잡지 피리 마라치. 맑은 물에 모두 비치는 것은.

⑰ 여 새디 초등학교

많을 때 150명이 넘나다닌던 때가 있었죠 아이들으 곳을 치거나 야학생 노우를 찾기를 하며 자라났답니다. 그런데 지금은 돌우불을 다 합쳐도 30여명이 안된다니 그 많던 아이들이 다 어디로 갔을까요.

강원 정선
동강할미꽃마을

돌침대 위에 할머니꽃과 할아버지꽃이 동거하는 마을

수분도 없고 양분도 없는 척박한 석회암 틈에서 자라는 동강할미꽃,
빳빳하게 줄기를 펴고 신비로운 다섯 가지 색을 품고 있는 그 꽃은,
정선의 오지 마을을 일궈낸 주민들의 애환을 담고 있기 때문에 더욱 아름답다.

86%가 산악, 1000m 넘는 산이 30개

강원도의 82%가 산악이라면, 우리 마을이 속한 정선은 86%가 산악이다. 옛날엔 죄를 지은 죄수가 귀향을 못 올 정도로 험악한 곳이었다. 정선군에는 해발 1,000m가 넘는 산이 30개나 된다. 높은 산들에 파묻혀 있는 우리 마을은 그만큼 오염되지 않은 청정지역이며 순수한 민심이 그대로 살아 있다.

돌침대 위에 할머니꽃과 할아버지꽃이 동거하는 예쁜 마을

우리 마을엔 세계 유일종 동강할미꽃이 핀다. 동강할미꽃은 수분은 물론 영양분도 없는 석회암 바위 틈에서 자란다. 일반 할미꽃은 꽃대가 길고 꽃이 고개를 숙이는데, 동강할미꽃은 꽃대가 짧고 꽃이 빳빳하게 고개를 치켜들고 있다. 꽃 색깔도 다양해서 보라색, 분홍색, 흰색, 빨강색의 꽃이 핀다. 석회암 바위에는 동강할미꽃과 함께 동강고랭이도 핀다. 할아버지 수염처럼 생긴 이 식물은 암수가 구분되어 하얀꽃과 노란꽃을 피운다. 둘 다 세계 유일종이며 동강 근처 암벽에서만 피는 꽃이다. 어떤 소설가가 우리 마을에 와서 두 식물을 보고 이렇게 말했다. "돌침대 위에 할머니하고 할아버지가 동거하는 예쁜 마을이네요. 봄은 동강할미꽃이 지키고 겨울은 동강고랭이가 지켜주네요." 우리 마을이 아니면 세계 그 어떤 식물원에서도 볼 수 없는 귀중한 자원이다.

▼ 흙 한 줌 없는 석회암에서만 자라는 동강할미꽃

한 해에 아홉 가지 마을 일을 돕는 귀농인_서택웅(58세, 위원장)

귀농 준비 9년, 귀농 9년차_내 고향은 경상남도 진주예요. 91년부터 귀농할 마음을 먹었어요. 고향인 진주 쪽 지리산자락도 가봤는데 거리도 멀고 고향에 가봤자 친구들도 없고 고향이 타향이지 뭐. 그래서 사회 친구들이 많은 강원도 쪽으로 방향을 돌렸어요. 원래는 평창 쪽으로 가려고 했는데 집 지을 만한 곳은 땅값이 너무 비쌌어요. 93년도에 이쪽에 휴양림이 생기면서 친구들이랑 놀러왔어요. 그때 자고 났더니 아침에 소나무 향기가 참 좋더라고요. 아참! 그 냄새가 아직도 기억이 나요. 불시에 막 떠오르고. 거기서 조금만 더 들어오니 우리 마을이었는데 경치도 좋고 너무 이쁜거라. 그래서 여기로 들어온 거예요. 2000년에 와서 터 닦고 품질 변경하고 2001년에 임시 거처를 조그맣게 짓고 거기서 겨울을 나려고 했는데 난방 시설이 시원찮으니 못 살겠더라고요. 그래서 나갔다가 2002년에 들어와서 본가를 짓고 그때부터 살았죠.

집사람은 한국화를 40년 한 사람이니까 소일거리가 있었는데 나는 그런 게 없잖아요. 평생 봉급쟁이 하면서 새벽에 나와서 오밤중에 들어가고 술만 마시

◀ "이제는 내가 살고 싶은 대로 살아보자"

242

고 그랬으니까. 혼자 자기 하고 싶은 대로 살았다고 그럴 수도 있지만, 실질
적으로 내가 하고 싶어서 그렇게 산 것은 아니잖아요. 게다가 내가 8남매 맏
이예요. 집사람도 고생 많이 했지만. 뭐 부모님 돌아가시고 딸 시집 보내고
나니까 이제 할 일 다 했잖아요. 시골 가서 내가 하고 싶은 일 좀 하며 살자,
하니까 집사람도 별다른 말 없이 따라와 주었어요.

시골 와서 내 손으로 내 집 짓는다고 통나무학교를 6개월 동안 다녔어
요. 인천직업학교에서 실내인테리어 6개월 과정을 배우며 벽돌쌓기, 방수,
이장, 타일을 코스별로 배웠어요. 그 다음엔 삼척에 가서 전통한옥학교를 3
개월 다니고. 그리고 '나무와 삶'이라는 회사에서 일주일에 이틀씩 2개월 동
안 교육을 받았어요. 지금 지은 집은 캐나다식 목조주택이에요. 지붕 짤 때
만 목수를 불러다 쓰고 나머지는 저 혼자 다했고 동생이랑 친구들이 좀 도왔
어요. 예전부터 산에 운동하러 다니면서 나무 주워다 이렇게 저렇게 깎았었

▼ 땀과 지혜와 하늘의 도움으로 키운 옥수수 수확

는데 여기서는 하우스로 작업실을 지어놓고 2년 동안 열심히 했어요.

새농촌건설운동, 장수마을사업, 동강할미보존회까지_2006년 2월에 새농촌사업 단장이 됐어요. 마을 주민 모두에게 편지를 보냈어요. '우리 마을도 새농촌 운동을 할 거다. 이거는 마을 주민들이 스스로 깨끗이 가꿔서 밖에서 손님이 찾아와도 볼거리가 많도록 만들어야 한다. 새농촌 운동을 해서 우수마을로 선정이 되면 5억의 상금을 받는다. 우리 마을을 지금보다 더 잘 살 수 있는 마을로 만들기 위해서 제가 합니다. 위에 동참하시는 분들은 5만 원씩 기금을 걷겠다.' 51가구 중 47가구가 5만 원씩 내서 새농촌 사업을 시작했어요. 2006년 한 해 동안 정말 열심히 했어요. 마을 사람들이 마을 청소도 하고 길도 가꾸고 밖에서 교수 불러다가 교육도 받고. 진짜 열심히 해서 우리 마을이 정선군 우수마을이 됐어. 2007년에 군으로부터 5천만 원을 마을 발전기금으로 받았어요. 2007년도에 또 열심히 해가지고 8월 달에 군 심사받을 때 우리 마을이 2년차로 정선군 최우수마을이 됐어요. 2008년

▲ 어느새 길에 떨어진 콩깍지조차도 지나치지 못하는 시골사람이 되었다

도엔 사업자금 1억이 생겼잖아요. 2007년 12월 총회에서 마을의 젊은 일꾼들에게 단장을 넘기고 나는 물러났어요.

　장수마을사업도 3년 동안 5천만 원씩, 1억 5천만 원이 들어왔어요. 사실 장수마을 사업만으로도 바빠요.

2005년부터 동강할미꽃보존회도 계속하고 있어요. 우리가 100평짜리 하우스 두 동을 지어서 직접 재배를 해요. 작게 하고 있지만 고 꽃만 팔아서 한 천만 원 수입을 올렸어요. 동강할미꽃축제를 만들어서 3회차 했어요. 우리 마을이 입구부터 마을까지 3~4km는 더 들어와야 하잖아요. 근데 와봐야 식당도 없고 구멍가게 하나 없이 열악하니까, 오는 사람들 발목을 동강할미꽃으로라도 잡으려는 거죠. 서울에 있는 여행사 두 군데에서 자기들끼리 답사를 왔다가 너무 좋아서 동강할미꽃 필 때 주말마다 사람을 모집해서 데리고 와요. 와도 우리 마을엔 아무것도 없으니까, 할머니들이 모여서 옥수수가루 밀어서 국수 만들어 배추지짐해서 내주고 아리랑도 부르고. 그러니 좋아하더라고요. 그게 정선의 맛이니까.

또 정선관광해설사로 활동도 하고, 문화원에서 향토사연구도 하고, 장승 조각도 해요. 그러면서도 학교 교육청하고 연계해서 '전통문화와 놀자'라

▼ 옛날 마을사람들이 뗏목을 타다 쉬어 가던 쉬기대, 그 아름다움에 취해 쉬어 갔을 법도 하다

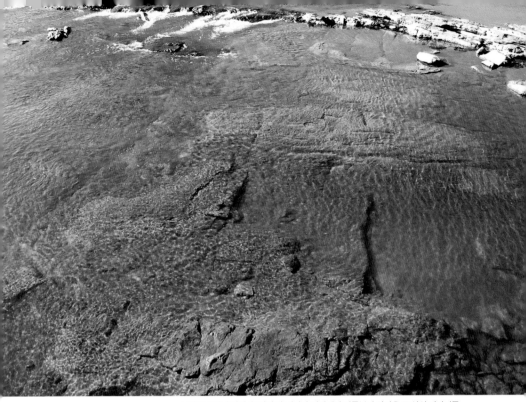
▲ 함부로 건너 다닐 수 없던 강 이편과 저편에서 마주보며 살아온 그 삶의 이야기들

는 프로그램도 해요. 주말에 학생들에게 정선전통문화, 정선아리랑 이야기를 해줘요. 여기 와서 농사는 안 짓지만 난 참 바빠요. 연간 아홉 가지 일을 하고 있으니까 정신이 없죠.

귀농 자체가 모험이고 귀농인은 개척자 아닙니까?_어쨌든 대한민국의 존재 가치의 기본은 농토고 농사인데, 그걸 도시에 있을 땐 너무나도 몰랐던 거예요. 우리가 농사를 너무 홀대하는 게 아닌가. 우리 마을은 식당도 없고 가게도 없고 불편하지만, 불편한 만큼 도시에서 느낄 수 없는 뭔가 느끼고 보고 갈 수 있어요. 동강할미꽃 얘긴데, 야생화 재배하며 입장료 받는 식물원이 전국에 백여 군데가 넘어요. 개인적으로 재배하는 사람들까지 따지면 이루 말할 수가 없죠. 그 식물원마다 동강할미꽃을 재배한대요. 근데 가보면 우선 색깔부터 다르고, 식물원에선 영양이 충분히 공급되니까 길게 자라서 허리가 구부러지는 거예요. 우리 마을 동강할미꽃은 영양분 없는 척박한 석회암 틈에서 자라다 보니 줄기가 짧고 빳빳하게 고개를 드는 거고요. 징말 이곳에 안 오면 볼 수 없는 거예요. 강가에 가면 돌들은 또 얼마나 예쁘다고요.

우리 마을엔 귀농한 사람들이 20가구 정도 돼요. 귀농 자체가 내가 가서 적응하려고 노력을 해야지 그거 안 하면 못 배겨나요. 아무 걱정 없이 편안하게 살려면 그냥 가서 베풀고 동네일에 어울려서 하라는 대로 하고 자기 주장 안 펼치면 아무 문제 없어요. 근데 나 같은 경우는 그러지를 않으니까 사실 좀 시끄럽기도 해요. 근데 귀농 자체가 상당한 모험이고 귀농인은 개척자 아닙니까? 도시에서 들어온 사람들하고 더불어 살아야 마을에 발전이 있겠구나, 원주민들이 그렇게 생각하게끔 끊임없이 노력해야 해요. 다른 방법은 없어요.

어머니가 맨날 나와서 지키는 것 같아_최화자(82세, 강변상회 주인)

우리 양반 19살, 난 17살에 혼인했어_가수리로 시집을 왔어. 난 아리랑 잘못해. 시집 와서 산에 가서 나물 뜯으면서 했지. 그땐 산에 가서 나물 뜯으면서 그냥 한마디씩 한 거야. 배운 것도 없어. 근데 우리 양반이 아팠어. 병원이나 있는가. 그 양반을 지고 뱅뱅이재를 넘어서 배로 끌고 병원을 댕겼어. 배에 줄을 매가지고. 병원도 몰랐지. 그 전에 사북병원이 하나 있었으니까. 그러다 서른여덟에 혼자 되니, 애들은 많고 어떡해. 밥장사를 했어. 저 뱅뱅이재를 넘어서 술 궤짝 지고 다니다 물에 빠져 죽을 뻔한 적도 많아. 요만한 게 토끼길 같았거든. 밤에는 사방 깜깜하니 뭐 보여? 근데 그놈들이 다 떼어먹고 갔어. 맨날 찬물 달라 뜨신물 달라 심부름 다 시켜먹더니만. 그놈들을 어디 가서 찾아. 나는 살아도 그놈들은 다 죽었을 거야. 그렇게 생각해야지 뭐. 이고 지고 댕기다 팔 아프고 골병만 남고.

▲ "마음대로 먹고 싶은 거 꺼내 먹어.
빚만 안 지면 되지 뭐."

혼자 살아도 하나도 안 무서_여 집은 싸게 샀어. 오래된 거 버리고 간 거라. 헌집 고치느라고 여기저기 돈이 많이 들었어. 친정어머니를 내가 20년 모시고 있었어. 이 집에서도 친정어머니랑 둘이 살았지. 한 몇 년 살았어. 어머니 여기서 돌아가시고 장사 여기서 치르고. 또 혼자가 됐지. 지금은 빈집에 혼자 사니까 사람들이 물어봐. 거 무서 못살겠는데 어떻게 사냐고. 화장실도 저리 멀지. 아이고. 혼자 살아도 무섭진 안 하대. 밖에 나갔다 오면 어머니가 맨날 저 나와서 지키는 것 같고. "이제 오나." 그러는 것 같고. 그래서 컴컴한 데 불 켜고 들어가는 게 하나도 안 무서.

내가 심심해서 하지, 장사는 안 돼. 혼자 있으니 사람 구경하려고. 그래도 일만 해놓으면 고스톱 치러도 오고 심심치않애. 여기 나 말고 두 집이 더 있잖아. 술이라도 한잔 먹고 여기서 놀다 가고. 그것도 없으면 담배 한 갑이라도 팔

▲ 마을의 유일한, 그리고 가장 오래된 강변상회
▶ 강변상회에서 파는 소박한 생필품들

고. 그것도 없는 날도 있고. 내가 술 먹고 주정하는 사람을 많이 봐서 술을 안 배웠는데 이제는 조금 먹다 보니 서너 잔은 먹어.

글을 못 배워서 처음엔 주는 대로 받고 그랬어. 근데 하다 보니 내가 머리로 알아가꼬 오면 뭘 얼매 가져가는지 아는 거지. 한 병에 얼마는 아니까 암산으로 해. 담배도 가격을 머리로 외우는 거지. 그래도 뭐 빚 안 지고 살면 됐지.

인자 내가 팔이 안 아프면 저놈의 개를 안 주는데. 강아지를 5만 원 주고 사다 석 달을 먹여서 키워 놨더니 지금은 10만 원 준다대. 눈이 많이 오면 밥 주러 댕기고 매달리는 게 겁이 나서 팔기로 했어. 불쌍하지. 가수리로 시집을 왔다 이제 여기서 죽는 거여.

살고 싶고 가보고 싶은 동강할미꽃마을

마을에 들어서는 순간부터 신비로운 물빛을 품은 동강, 세계 유일종인 동강할
미꽃으로 수놓인 석회암벽에 순식간에 마음을 빼앗기고 만다. 게다가 뱅뱅이재 전망대에
올라 쉬기대까지 내려다보게 되면 입을 다물 순간이 좀처럼 찾아오지 않는다. 발걸음을
옮기는 동안 쉴새없이 감탄사가 뒤따르는 동강할미꽃마을에는 식당도 없고 펜션도 없다.
그러나 할머니들이 콩가루와 메밀가루를 섞어 손반죽한 가수리(국수)를 끓여주고 배추메
밀전을 부쳐 준다. 이 또한 어느 식당에도 없는 세계 유일의 맛이다. 흥에 겨우면 불러주는
정선아리랑 한 소절에서 고단했던 지난날의 삶도 전해지니 더욱 풍요로운 여행이 된다.

감성나눔

솟대당산을 찾아서

솟대제를 지내는 당산이 마을에 있다. 예로부터 강릉 이씨가 오랜 동안 대를 이어 제를
지냈다. 강릉 이씨만 지내던 것을, 마을 사람들도 마음을 모아 모두 참여해 지내기 시작
했다고 한다.

마을에서 가장 오래된, 그리고 유일한 상회

예전엔 폭설이 내리면 고립됐던 윗마을 사람들의 생계를 책임졌으나 지금은 윗마을 사
람들이 모여서 이야기꽃을 피우는 사랑방이다. 민박은 하지 않지만 웬만한 건 다 있다.
여름이면 할머니가 심어놓은 각종 산나물들이 뒷산을 푸르게 해서 더욱 좋다.

석회암 절벽에서 동강할미꽃과 동강고랭이 찾기

마을에 들어서면 길을 따라 한쪽은 동강이 흐르고 한쪽은 석회암 절벽이 장관을 이룬
다. 회백색의 석회암 절벽에 위태로운 동거를 즐기고 있는 동강할미꽃과 동강고랭이를
찾아보자.

걸어서 뱅뱅이재 오르기

옛날엔 토끼길처럼 좁고 꼬불꼬불한 길이었다. 지금은 포장이 되어 차로 전망대 인근까지 오르는 것이 가능하다. 그러나 걸어서 오르며 재 넘어 정선읍으로 오가 던 수민늘의 숨결을 느껴보는 것이 좋다.

마을 전체가 식물원

마을엔 동강할미꽃, 둥글레, 연잎꿩의다리 등을 비롯하여 1,000여 종의 식물이 살고 있다. 마을 전체가 공기 좋고 물 맑은 자연식물원인 셈이다.

정보나눔

- 쉼터대, 나팔굴, 옷바우, 개바우 등에 이야기가 숨어 있다.
- 매년 3월 중순부터 한 달 동안 동강할미꽃 축제, 5월엔 산나물축제, 여름엔 뗏 목축제, 반딧불이축제 등 다양한 마을행사를 한다.

문의

U http://www.idonggang.com

T 033-563-3365 / 017-322-5611(서덕웅 위원장)

1 물안개 넘실넘실, 코끝 알싸한 동강의 겨울 아침
2 흙으로 빚은 담배건조장
3 정선에서 유일하게 감나무 자라는 양지바른 마을
4 한겨울 암벽에서 꽃 피울 때를 기다리는 동강고랭이
5 100평짜리 하우스에서 재배하고 있는 동강할미꽃 모종
6 과거 무기저장고를 집으로 사용하는 강변상회의 개

1

2

3

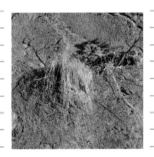

4

5

6

7

8

9

10

11

12

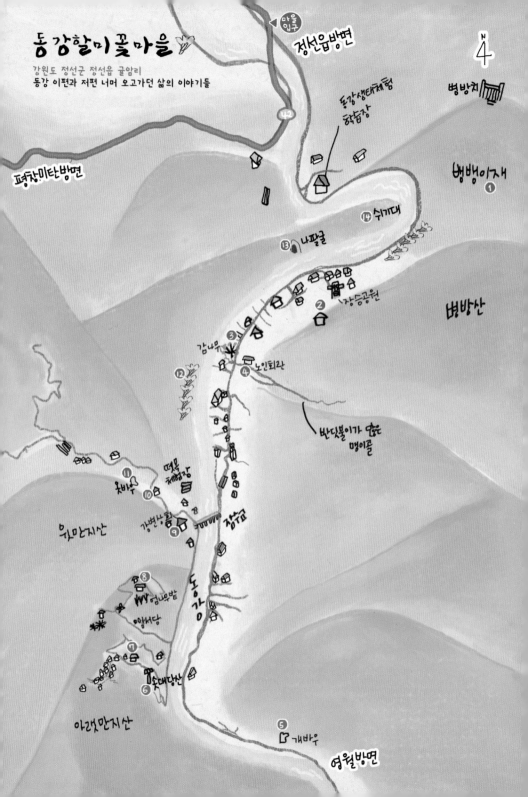

❶ 뱅뱅이재 이야기

뱅뱅이재 옛길은 굴암리에서 읍으로 통하는 고개로
그 고개가 험준하여 옛날엔 나는 새도 쉬어갔다고 합니다.
이 고개에 서서 한 명만 마을을 지켜도 든든했다고 해요.

이 길은 또 토끼길처럼 좁아서
아낙네들이 물웅덩이를 지고 가다가
강으로 여러 번 빠질 뻔했답니다.

❷ 목공예가의 집

이 마을에 반해서 귀농한 목공예가의 집.
직접 솟대도 만들어 보고 목공예 작품도
한 번 구경 해보세요.

❸ 감나무가 있는 곳

정선군에서 유일하게 감이
재배되는 곳입니다. 감나무 옆에는
황토로 지은 담배 건조장도 있어요.

❹ 노인회관

마을 어르신들은 이곳에서 서로의 안부와
따뜻한 국수 한 그릇을 나누십니다.
구수한 아라리도 함께 부르시지요.

❺ 개바우의 전설

강아지 두 마리가 물 속에 빠져
죽은 어미 개의 뼈를 건지려고 했습니다.
그러다 한 마리는 죽고 나머지 하나는 그만
물살에 휩쓸려 이 곳까지 떠내려 왔지요.
다행히 구출되었으나 어미 생각만 하며 울다가
강아지 형상의 바위가 되었다고 합니다.

❻ 솟대제를 지내는 곳

강릉 최씨가 300년 동안 대를 이어
솟대제를 지내고 있다고 합니다.

❼ 송어와 한우

마을에서 유일하게 싱싱한 송어를
양식하는 곳입니다.
그 옆에 있는 방목한 한우도
만나보세요.

❽ 굴암리의 제일 높은 집

마을에서 해가 가장 오래 머무는 집입니다.
새로 지은 집 바로 옆에는 옛 흙집이 아직 있는데
부부 둘이서 한 달 동안 만들었다고 하네요.
옛 집에서 살 때는 밤중에 달빛으로 쌀을
씻다가 맷돼지를 만나 깜짝 놀라곤 했지요.

❾ 강변상회 할머니 댁

마을에서 가장 오래되고도 유일한 상회입니다.
어르신들이 삼삼오오 모여 막걸리 한 잔에
강변상회 할머니의 정선 아라리 한 소절
청해듣고 가곤 하지요.
전쟁시 무기 저장고였던
장소는 현재 할머니네 개집이
되어 있습니다.

❿ 한학자의 집

옷바우를 새로 단장할 때 도와주신 할아버지 댁입니다.

⓫ 옷바우의 전설

어느 날 무명장수가
무명 짐을 바위에 벗어놓고 낮잠을 자다가
무명자락이 바위에 붙어서 잘라내었더니
그 후로 장사가 잘 되었다는 이야기가 있는 바위입니다.

⓬ 동강할미꽃

동강할미꽃은 굴암리 석회암지대에서만 자라는
세계 유일의 다년초 식물입니다.
동강고랭이수꽃과 더불어 굴암리의
두 노부부라 불리는 아들은
석회암 절벽에서 평생을 함께 하는 셈이지요.

⓭ 나팔굴

임진왜란 때 이 굴로 군수와 주민들이
피신을 한 덕분에 모두들 무사했습니다.

⓮ 쉬기대

한반도 옛 지형인 이곳은 옛날 마을 사람들이
뗏목을 타다가 쉬었다 간 곳이랍니다.

첫 번째 이야기 빨강마을

시/군	마을명
경기 김포시	매화미르마을
강원 정선군	동강할미꽃마을
강원 평창군	산채으뜸마을
충북 제천시	청풍호곰바위마을
충북 충주시	하니마을
충남 아산시	다라미자운영마을
충남 청양군	가파마을
전북 부안군	용계리마을
전북 임실군	필봉굿마을
전남 곡성군	하늘나리마을
전남 진도군	진도아리랑마을(소포마을)
경북 구미시	신라불교초전지마을
경북 문경시	오미자마을
경남 남해군	해라우지마을
경남 통영시	금평마을

세 번째 이야기 파랑마을

시/군	마을명
경기 안성시	유별난마을
경기 용인시	황토현마을
강원 양양군	황룡마을
강원 원주시	성황림토종마을
강원 인제군	냇강마을
충북 제천시	명암산채건강마을
충북 제천시	산야초마을
충남 서산시	빛들마을
충남 홍성군	느리실마을
충남 홍성군	문당리마을
전북 무주군	호롱불마을
전북 익산시	성당포구마을

두번째 이야기 노랑마을

시/군	마을명	시/군	마을명
경기 양평군	솔비마을	전남 구례군	상사마을
강원 강릉시	강릉해살이마을	전남 순천시	용줄다리기마을
강원 강릉시	왕산골마을	전남 영암군	영보마을
강원 영월군	선암마을(한반도뗏목마을)	경북 김천시	옛날솜씨마을
강원 인제군	고로쇠마을	경북 문경시	하늘재마을
충북 괴산군	둔율올갱이마을	경북 의성군	지당들마을
충북 단양군	방곡도깨비마을	경남 거제시	해안마을
충남 공주시	예술마을	경남 하동군	입석마을
충남 서천군	이색체험마을	경남 함안군	입곡마을
충남 서천군	달고개모시마을	경남 합천군	대기마을
전북 순창군	구미마을	제주 서귀포시	구억마을

시/군	마을명
경기 연천군	옥계마을
강원 고성군	송강리마을
강원 원주시	진밭마을
강원 정선군	개미들마을
강원 홍천군	살둔마을
강원 화천군	산속호수마을
충북 단양군	한드미마을
충북 보은군	구병리마을
충북 청원군	벌랏한지마을
충남 홍성군	거북이마을
전북 남원시	전촌마을
전북 진안군	신덕마을
전북 진안군	와룡마을
전남 무안군	약실한옥마을
경북 봉화군	청량산마을
경북 영양군	송하리마을
경북 울릉군	나리마을
경남 산청군	둔철마을
경남 통영시	오사마을

시/군	마을명
전남 나주시	영산나루마을
전남 순천시	용오름마을
전남 신안군	용소마을
경북 구미시	안실마을
경북 상주시	우복동마을
경북 예천시	회룡포마을
경남 산청군	대포마을
경남 창녕군	우포가시연꽃마을
경남 창원시	다호리고분군마을
경남 함양군	하고초마을
제주 제주시	아홉굿의자마을

시/군	마을명	시/군	마을명
강원 강릉시	솔내마을	전남 나주시	이슬촌마을
강원 고성군	왕곡마을	전남 담양군	도래수마을
강원 삼척시	신리너와마을	경북 고령군	개실마을
강원 양양군	해담마을	경북 경주시	세심마을
충남 금산군	보곡마을	경북 문경시	못고개마을
충남 아산시	외암민속마을	경북 봉화군	유곡마을
전북 남원시	수동마을	경북 성주군	한개마을
전북 장수군	하늘내들꽃마을	경북 영천시	큰마을
전남 강진군	청자골닷마지마을	경남 남해군	가천다랭이마을
전남 구례군	섬진강다무락마을	경남 산청군	남사예담마을
전남 나주시	금안1구		

푸른농촌 희망찾기 운동

농업인과 농촌진흥청이 함께 21세기에 맞는 농촌의 희망과 자립 의지를 확산하여 생명, 환경, 전통문화가 조화된 쾌적한 자립형 복지 농촌 실현을 실천하는 희망프로젝트입니다.

깨끗한 농촌 만들기 : 국민의 휴양·녹색체험 공간 조성
안전 농산물 만들기 : 소비자가 안심하고 먹을 수 있는 농산물 생산
농업인 의식 선진화 : 농업인의 공동체적 자립심과 희망 의지 확산

www2.rda.go.kr/bluegreen